LETTRE

DE

BRUTUS.

L

S

Ver
Et

LETTRE

DE

BRUTUS,

SUR LES CHARS

ANCIENS ET MODERNES.

Vengeons l'humble vertu de la richesse altiere,
Et l'honnête homme à pied, du faquin en litiere.

Boileau, art poët. ch. 2.

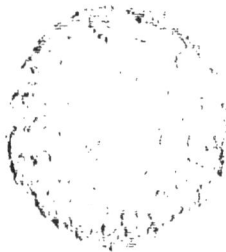

A LONDRES.

M. DCC. LXXI.

DIALOGUE
ENTRE L'AUTEUR ET L'EDITEUR.

L'AUTEUR.

VOUS avez donc lu mon Manufcrit ?

L'ÉDITEUR.

Oui, fans doute.

L'AUTEUR.

Quoi ! tout entier ?

DIALOGUE.

L'ÉDITEUR.

Oui, tout entier.

L'AUTEUR.

Et vous penfez..... mais je tremble de vous interroger.

L'ÉDITEUR.

O Brutus!..... je vous embraffe, & voilà ma réponfe.

L'AUTEUR.

Mon cher Philofophe, vous n'êtes pas affez froid pour apprécier mon Livre ; l'enthoufiafte refait dans fa tête toutes les productions de fon idole, & il fe trouve qu'enfuite il n'a jugé que fon propre Ouvrage.

L'ÉDITEUR.

Achevez de m'entendre ; je n'ai point jugé de votre Livre par le ſtyle , mais par le patriotiſme qui l'a fait naître. Qu'importe en effet dans quelle langue écrive l'ami de la vertu , pourvu que l'homme de bien l'entende , & que ſon cœur ſenſible frémiſſe délicieuſement à ſa lecture ? Mon ami , ſi vous n'aviez fait qu'un bon Livre, je vous aurois loué bien froidement ; mais vous avez eu le courage d'avoir raiſon contre les hommes puiſſans qui écraſent le peuple , & je ſuis devenu votre enthouſiaſte : ce n'eſt point l'Auteur que j'ai embraffé en vous, c'eft l'ami du genre humain.

L'AUTEUR.

Il eft vrai que je n'ai point eu deffein de faire un Livre, ainfi ce n'eft point à l'homme de lettres, mais à l'homme de bien, à me juger : j'ai attaché même fi peu de prétention à mon Ouvrage, que je me fuis contenté de l'appeller *Lettre* ; & fi je connoiffois un titre plus modefte, j'en ferois ufage. – Je laiffe à l'homme de génie le foin d'élever des monumens qui éternifent fa mémoire; pour moi, j'ai confacré ce foible Ecrit à guérir le délire du moment : mais que l'épidémie ceffe , alors mon Livre fera oublié , mon nom reftera inconnu , & cependant je me croirai plus fortuné que le grand homme qui a travaillé pour la poftérité.

L'ÉDITEUR.

Homme de bien , comme malgré vos frivoles diftinctions vous rendez refpectable le titre d'homme de lettres ! . . . . .

L'AUTEUR.

Je ferai lu cependant , car mon

titre excite la curiofité : les uns
chercheront dans ma Lettre des
idées fortes & fublimes, d'autres
des fatyres : on n'y trouvera fans
doute ni l'un ni l'autre. Mais fi à
force de chercher, on parvient au
bout du Livre, mon but eft rempli ; je fuis Brutus : & le luxe des
chars, malgré cette foule de Tarquins qui le protegent , craindra
un moment d'être anéanti.

Telle eft la prodigieufe fupé-
riorité de l'homme vertueux qui
écrit fur l'homme puiffant qui
perfécute, que fes travaux ne font
jamais inutiles ; les idées heureu-
fes qu'il feme dans le public , ger-

ment comme le polype fous le couteau qui devroit les détruire : la perſécution peut tomber ſur l'Ecrivain, mais l'Ouvrage reſte, & la vérité ſurvit au perſécuteur.

Oui, mon ami ; j'ai deſiré d'être lu ; & cette foibleſſe, ſi c'en eſt une, m'a fait faire plus d'un ſacrifice au goût petit & énervé du ſiecle. Croirez-vous, par exemple, que c'eſt dans cette idée qu'au lieu de fondre ma ſtatue d'un ſeul jet, j'ai diviſé ma Lettre en Paragraphes : le peu d'hommes du monde qui liſent encore, ſeroient effrayés de la perſpective d'un volume qu'il

faudroit parcourir en entier pour
en faifir l'enfemble ; il faut à ces
efprits blafés , des Chapitres ,
des Articles & des Paragraphes ,
pour fervir de point d'appui à leur
foibleffe. Montefquieu le fçavoit,
auffi afin d'être plus utile à fa
Patrie , il eut le courage de couper & de dégrader fon *Efprit
des Loix.*

L'ÉDITEUR.

Vous prévenez les objections
de l'homme de goût , car celui
qui n'eft que fenfible ne vous
en fera jamais. Il me refte cependant encore un objet d'étonne-

ment : c'eſt qu'avec des vues ſi droites , un courage ſi grand , & un patriotiſme ſi éclairé , vous perſiſtiez à garder le voile de l'anonyme : Brutus a-t-il des ennemis à craindre ?

L'Auteur.

Brutus ne craint que ſes amis.

L'Éditeur.

Ah ! vos amis ſont vertueux , ſans doute ?

L'Auteur.

Mes amis ont des équipages. Combien peu feront le ſacrifice à la Patrie de leurs voitures

meurtrieres : puis-je efpérer même d'en trouver beaucoup qui
rendent leurs voitures pacifiques,
& qui me pardonnent ?

L'ÉDITEUR.

Je ferai plus hardi que vous. –
Mes amis , vous le fçavez , ont
aufſi des caroſſes ; car je connois,
foit dans la finance , foit dans la
robe, foit dans l'épée , des perfonnes riches, & qui fçavent faire
un bon ufage de leurs richeſſes: eh
bien ! leur belle ame m'eſt connue;
ils m'en aimeront peut-être davantage..... Brutus , je veux
être l'Editeur de votre Ouvrage.

L'Auteur.

Mon ami, j'allois vous le pro-
poſer.

L'Éditeur.

Puiſque le péril eſt manifeſte,
ce trait de confiance eſt ſublime –
Croyez que je me rendrois digne
d'un tel choix.

L'Auteur.

Ce ſeroit offenſer l'amitié que
de ſuppoſer qu'on peut la trahir;
ainſi, je ne vous demande point
le ſecret.

L'Éditeur.

Le ſecret n'eſt point ſorti de

vos mains , puifque c'eft à moi
feul que vous l'aviez confié : fi
cependant les gens de goût vous
devinoient ; car on dit que Brutus
a un ftyle qui lui appartient......

L'Auteur.

. Mon ami , je connois quelques gens de goût ; ils font tous
gens de bien. – Quoi qu'il en
foit , j'en appellerai à Dieu , à
ma confcience & à la juftice des
fiecles , fi l'on me fait un crime
d'avoir été patriote.

PREFACE.

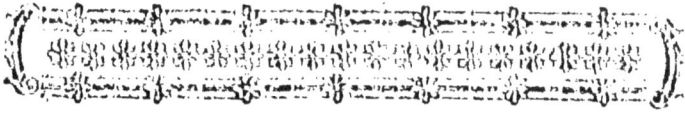

PREFACE.

SI jamais ouvrage fut écrit dans des vûes droites, on ofe dire que c'eft celui-ci : il n'y a pas un projet dans cette lettre que le patriotifme n'ait fait naître , pas une ligne qu'il n'ait infpirée ; la critique même n'y eft que l'épanchement de l'ame fenfible d'un citoyen, & c'eft ce qui doit la faire pardonner.

J'ai vu l'homme riche fatiguer les rues de Paris de fes nombreux équipages, & j'ai gardé le filence : je l'ai vu infulter par fon luxe

A

l'honnête homme à pié qui le méprife, & je me fuis tu encore; mais je l'ai vu écrafer mes concitoyens, & facrifier des hommes à des chevaux, comme ce Romain qui engraiffoit de la chair de fes efclaves les murènes de fes viviers : alors mon indignation s'eft allumée, des larmes de fang ont coulé; & j'ai écrit cette lettre qui vengera mieux les amis dont un luxe barbare m'a privé, que de vaines épitaphes gravées fur leur tombe.

Cependant le reffentiment qui a fait naître cet écrit ne s'y exhale jamais; on cherche moins à gémir fur nos défaftres qu'à les

empêcher de renaître : ainſi cet
ouvrage n'eſt point une élégie.
On aime à croire qu'une nuit
d'Young eſt moins utile à un
Etat qu'un projet qui peut l'éclairer ; peut-être même eſt-elle plus
aiſée à faire.

Les grandes villes du Royaume ſont pleines de gens éclairés
qui demandent du neuf dans les
livres , & qui ne croyent point
que l'emphaſe des mots compen-
ſe le vuide des choſes ; c'eſt pour
eux qu'on a fait les recherches
qu'on trouvera dans cet ouvrage,
& qui font reſſembler quelques
articles de cette lettre à une diſ-
ſertation de Falconnet ou de Puf-
fendorf. A ij

Quoique l'érudition paroisse déplacée dans une lettre, on ne l'a point rejettée de celle-ci ; en proposant quelques idées à sa patrie, on lui devoit de mettre sous ses yeux toutes les pieces du procès, de lui prouver que son systême n'est point le rêve d'un homme de bien, & de justifier son zèle par le spectacle de ses travaux.

Les femmes, qui ne lisent que des brochures, ou les hommes qui n'écrivent que pour en faire, dédaignent aujourd'hui un ouvrage où il y a le moindre appareil d'érudition ; on compare son auteur aux Scioppius & aux Saumaise du siecle passé, à ces hom-

mes pesamment laborieux qui se
délivroient du fardeau de penser
en commentant les pensées des
autres, qui ne voyoient dans l'I-
liade que des tropes & non des
traits de génie, & qui étudiè-
rent vingt ans quelques poëmes
qu'Anacréon & Tibulle avoient
créés en se jouant.

Ce n'est point ici le lieu d'examiner s'il est utile aux Lettres de
mettre des hommes de génie tels
que le Président de Montesquieu
au rang des Scioppius, & si toutes ces diatribes en faveur de l'esprit, ne tendent pas à éteindre
le sçavoir & à mener à la barbarie. Je me contenterai de faire

obſerver que la lettre d'un Philoſophe, qui réclame contre un luxe
qui dévore ſa patrie, les droits
de l'humanité, ne doit point être
écrite comme ces bagatelles in-
génieuſes ſur leſquelles roule
ordinairement le commerce épiſ-
tolaire ; que le ſtyle de la politique n'eſt pas celui des toilettes ;
& qu'il n'y a rien de commun
entre le maniféſte de Brutus &
une lettre de Madame de Sé-
vigné.

Le mot de Brutus m'eſt échappé, & je ne m'en dédis pas : il eſt
bon que les hommes riches &
barbares, qui écraſent le peuple
avec leurs chevaux & leur or-

gueil, ſçachent qu'il y a dans un des ordres les plus reſpeƐtables de l'Etat, des citoyens qui ne rampent jamais dans les antichambres, qui ſont reçus dans la ſociété ſans être dupes ou fripons, & qui de la fange d'où on les éclabouſſe, ſont trembler l'idole titrée qui ne vit que pour déchirer le ſexe & mutiler les hommes.

Le titre de Brutus ne doit effaroucher perſonne ; je prouverai qu'il ne convient qu'à un philoſophe qui a des opinions à lui ſans être cynique ; qui éclaire ſa patrie ſans déchirer ſes entrailles ; qui défend le peuple ſans outrager ceux qui dévorent ſa ſubſtan-

ce, & qui n'a que l'enthousiasme
d'un cœur sensible, la liberté de
l'honnête homme, & la hardiesse
de la vertu.

Quant aux critiques qui trou-
veroient quelque espece de vanité
pour l'auteur de cet écrit, à se faire adopter par le Romain célebre
qui créa sa république, je n'ai
qu'une réponse à leur faire; c'est
que le Brutus françois ne veut
point se faire connoître, c'est qu'il
se propose, en travaillant pour
sa patrie, de n'être récompensé
que par le témoignage de son
cœur, & de se cacher également
au satyrique qui osera le déchirer, & à l'homme de bien qui
fera son éloge.

Il eſt donc très-inutile de s'é-
puiſer en conjectures ſur l'auteur de cet ouvrage : mon ſecret
eſt entre mon ami & moi ; ainſi
j'en ſuis le ſeul dépoſitaire ; au
reſte ſi le livre eſt bon, il n'a pas
beſoin d'autres titres : ſi l'édifice
eſt mauvais, qu'importe aux critiques qui le verront s'écrouler, le
nom de l'Architecte ?

Je voudrois ſeulement qu'on
fût bien perſuadé des ſentimens
qui ont fait naître cet ouvrage ,
& qui ſurvivront ſans doute à ſa
compoſition.

Je n'ai pas plus l'eſprit deſap-
probateur que Socrate & Mon-
teſquieu : ainſi en critiquant le

luxe qui a produit nos défaftres, je n'ai eu en vûe aucun particulier. Je fçais que l'Homme de Lettres chargé par la juftice des fiecles de la cenfure publique, n'a infpe&ion que fur les vices & non fur les perfonnes.

Je n'ai pris le rôle de Brutus que pour tonner contre un abus qui s'eft gliffé dans l'Etat malgré la réclamation des Loix & des Sages; & je ne défire d'autre révolution dans ma patrie que celle qui affurera la tranquillité du peuple contre l'indifférence barbare des riches & la frénéfie de leurs chevaux.

Enfin je n'ai écrit que pour

les ames honnêtes & fenfibles :
voilà mes Juges ; & ma deftinée
eft entre leurs mains. Pour le
refte des hommes leur indifférence ne m'étonnera point, & leur
haine fera mon éloge.

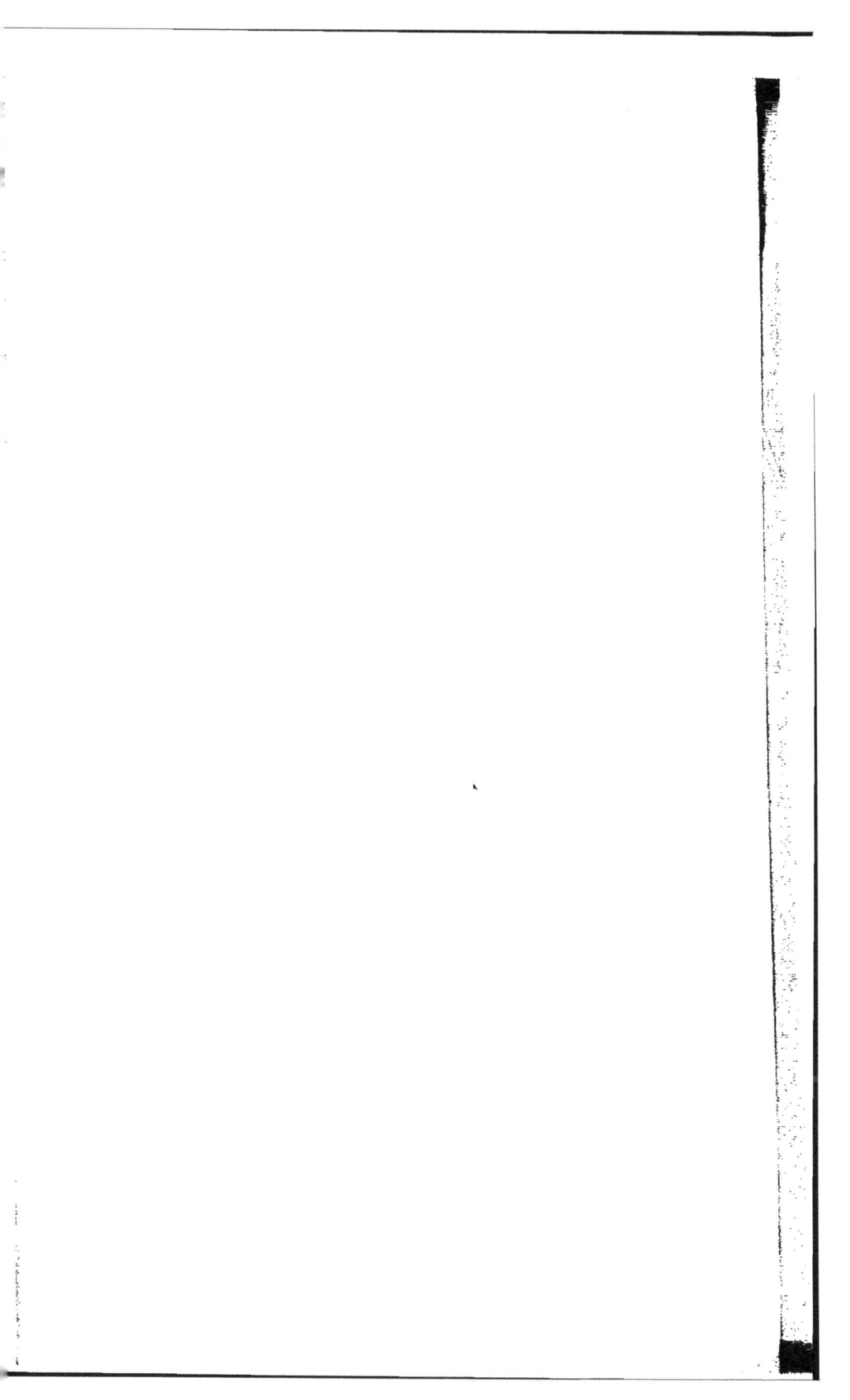

LETTRE

D'UN FRANÇOIS

NOMMÉ BRUTUS.

LETTRE

D'UN FRANÇOIS

NOMMÉ BRUTUS,

Sur les Chars anciens & modernes.

PARAGRAPHE PREMIER.

Du Désastre du 30 Mai.

MON Ami, votre ame que le chagrin fembloit avoir flétrie, commence donc à recouvrer une partie de fa férénité ; vous n'êtes plus feul au milieu du tourbillon de la fociété , & le fombre défefpoir qui empoifonnoit fourdement en vous les fources de la vie, a fait place à cette

douce fenfibilité qui rend la douleur
plus intéreffante en la rendant moins
dangereufe.

Je viens rouvrir vos bleffures que le
tems a mal fermées : mais votre ame
eft trop belle pour m'en faire un reproche, & vous pardonnerez aifément au
citoyen le crime de l'ami.

Je veux vous rappeller cette nuit
horrible, où Paris invité à une fête
brillante, la vit terminer par un affreux
défaftre ; où un fpectacle devint égal à
une tranchée, & où des fufées coûterent
la vie à plus de cent trente citoyens.

Rien ne put égaler l'horreur de cette
nuit, fi ce n'eft l'effroi du lendemain ;
lorfque pour fe dérober à une incerti-
tude cruelle, chaque citoyen s'envoyoit
vifiter ; lorfque des peres de famille, la
mort dans le cœur, attendoient qu'on
les inftruisît, fi leurs enfans avoient été
acteurs, ou feulement fpectateurs de

cette

cette fanglante tragédie ; & que d'autres malheureux dont la douleur étoit plus active, alloient dans le cimetiere de la Magdelaine, parmi les cadavres mutilés & hideux qui y étoient expofés, reconnoître leurs époufes, leurs amis, ou leurs peres.

Vous-même, mon ami, pardonnez fi je porte le poignard dans votre cœur fenfible : je vous vois la nuit même du défaftre vous élancer au milieu de la foule, & chercher avec les convulfions de la crainte, une fille qu'on vient d'arracher de vos bras ; la barrière eft forcée, & vous pénétrez enfin jufqu'à la ligne fatale qui fépare les morts de ceux qui vont mourir. Le premier objet qui frappe vos regards, eft le cadavre défiguré de votre fille, étendu fur d'autres cadavres ; vous jettez un cri d'effroi, & vos yeux fe couvrent d'un nuage : mais l'horrible tragédie étoit alors à fon dé-

B

nouement ; la rue Royale se dégage, &
on vous transporte hors du lieu de la
scène sur un tombereau ensanglanté ,
où malgré l'horrible fatigue que vous
aviez subie, la vûe des objets effrayans
qui vous environnoient, & l'image dé-
chirante de votre fille, vous ne pûtes
mourir.

Mon objet n'est point de tracer ici
de sinistres tableaux, ou plutôt ma sensibilité les avoit faits , & ma raison les a
effacés ; le bien qui en résulteroit seroit
douteux , & le mal seroit évident : il en
est parmi ces tableaux qui pourroient
altérer dans les ames trop sensibles les
principes de la vie, & faire dans Paris
l'effet que fit autrefois dans Athènes la
tragédie des Euménides.

Quand même le tableau de notre
dernier désastre n'auroit point, comme
le drame d'Eschyle, la force de faire
avorter des meres & mourir des enfans,

l'impreſſion, ſans être auſſi vive, pourroit être plus durable. On croiroit peut-
être que le but de cet ouvrage a été
d'eſſrayer le peuple plutôt que de tonner contre un luxe meurtrier ; alors les
riches feroient mécontens, le peuple
ne feroit qu'allarmé, & mon projet patriotique ne feroit point rempli.

Mais ſi, à l'occaſion de cet événement déplorable, un ami cherchoit à ſe
prémunir contre de nouveaux regrets ;
ſi un citoyen expoſoit à ſa patrie quelques idées qui pourroient contribuer à
ſon bonheur ; ſi un Philoſophe plaidoit
de ſon cabinet la cauſe du Genre Humain : quelle eſt l'ame vile & étroite
qui oferoit lui en faire un crime ? &
s'il s'en trouvoit, avec quel empreſſe-
ment n'irois-je pas me vanter de ce
crime à tous les gens de bien ?

C'eſt l'homme de bien qui fait la fortune des ouvrages honnêtes ; c'eſt ſon

fuffrage qui récompenfe le talent qu'il fait naître : l'homme de bien eft le feul que j'aie toujours trouvé fenfible, c'eft le feul qui m'ait pardonné d'être Philofophe.

PARAGRAPHE II.

DÉFENSE DE BRUTUS.

JE n'oublierai jamais que ce fut dans un cercle d'hommes de bien, qu'ayant eu occasion de parler avec force contre un objet de luxe qui flétrit l'ame & dégrade l'humanité, tout le monde s'accorda à me nommer Brutus, titre qui ne suppose ni de grands talens, ni une audace coupable, & qui fait moins d'honneur au citoyen qui le reçoit, qu'à ceux qui ont le courage de le donner.

Il me semble que le nom de Brutus devroit convenir à la plûpart des Gens de Lettres ; il désigne l'être sublime qui se fait une patrie, ou qui l'éclaire ; qui n'a que la hardiesse du génie & de la vertu, & qui crée son ame, malgré les despotes de la terre, les esclaves du fanatisme, & les Tarquins de la Littérature.

Le feul trait de ce tableau, qui me convienne peut-être, eft le mérite de n'avoir que la hardieffe de la vertu : vous fçavez, mon ami, que l'amour de la patrie, qui chez tant de perfonnes n'eft qu'une vérité de théorie, eft chez moi une vérité de fentiment : ma fierté républicaine ne fe déploya jamais que contre l'erreur ; & nous fommes dans un fiecle où l'on peut dire, même aux Rois, que l'erreur n'eft jamais bonne à rien.

PARAGRAPHE III.

DES CAROSSES QUI VOULURENT TRAVERSER LA RUE ROYALE.

JE n'ai déja que trop parlé de Brutus, & je reviens à mes concitoyens. Le défastre dont votre cœur soupire, vous le sçavez, mon ami, fut dû en partie aux Carosses ; tandis que les Princes & les Grands de la Nation, sensibles par instinct & par devoir, attendoient en silence que le tumulte fût appaisé, des hommes nouveaux accoutumés à jouir de l'indigence de ce qui les environne, & à fouler aux pieds un peuple obscur, comme s'il ne valoit pas les chevaux qui l'écrasent, ordonnerent à leurs cochers de percer la foule qui formoit une épaisse barriere : ces vils esclaves eurent la bassesse d'obéir : le peuple frémit & resserra l'enceinte où il étoit ren-

B iv

fermé : alors le défordre fut à fon comble. Un foflé, des décombres, l'eflroi plus mortel peut être fit tomber les premiers, qui furent étouflés par ceux qui les fuivoient : les autres emprifonnés entre des morts & des chevaux, périrent plus malheureux encore, parce que leurs yeux, avant de fe fermer, virent à loifir tous les compagnons de leur infortune.

Voilà donc des familles éteintes, une foule de citoyens perdus pour l'Etat, & un plus grand nombre que l'indigence lui rendra long-tems inutiles, parce que deux ou trois perfonnes ont voulu s'attirer par leurs équipages un refpect que le public accorde quelquefois à la place, & toujours à la perfonne.

Le Magiftrat éclairé qui veille à la police de Paris, a réparé autant qu'il a été en lui ce défaftre, qu'il n'étoit pas en fon pouvoir de prévenir. Des Grands

qui fçavent quel ufage la nature leur a
prefcrit de faire des richeffes, ont exer-
cé leur bienfaifance fur ceux que cet
événement a rendus orphelins : on a
même vu le Dauphin envoyer à ces
malheureux l'argent deftiné pour fes
plaifirs, & ce trait a fait connoître
qu'il étoit digne de commander à des
hommes.

Les feuls auteurs du défaftre ont été
infenfibles : ils ont cru fans doute qu'on
ne pouvoit leur faire un reproche d'a-
voir fait ufage de leurs chevaux ; ou que
leur délit, fi c'en étoit un, devoit être
confondu dans la foule des crimes obfcurs & vulgaires. Ce n'eft point au Philofophe à les traduire devant les Tribunaux de la Nation qu'ils ont lézée, il ne
peut que les dénoncer à la poftérité qui
jugera cette action & en éternifera
l'opprobre.

Je confens même de ne point flétrir

aujourd'hui ces hommes vils, malgré leur hauteur, & obfcurs malgré leur opulence, & de n'exhaler mon indignation patriotique que contre les inftrumens de leur luxe qui font devenus ceux de nos malheurs. Il faut des victimes à la Nation ; & en vérité on ne fçauroit l'accufer de férocité, fi laiffant les coupables en proie à leurs remords, fa vengeance ne tombe que fur des caroffes.

PARAGRAPHE IV.

DES DÉSORDRES AFFREUX CAUSÉS JOURNELLEMENT PAR LES CAROSSES.

IL ne faut pas croire que Paris foit le feul théatre de ces fcènes fanglantes, elles fe répetent quelquefois dans les provinces; & les villes inférieures y font d'autant plus expofées, que fes habitans fe difent plus polis, qu'ils font plus in-humains, qu'ils imitent plus le luxe effréné de la capitale.

Les grands défaftres mêmes, tels que celui du 30 Mai, fervent de tems en tems d'époque à leurs annales. Lyon n'oubliera jamais un évenement atroce en ce genre, qu'elle a pleuré long-tems avec des larmes de fang. Elle a une fête folemnelle dans un de fes fauxbourgs, qu'elle célebre tous les ans au commen-

cement d'Octobre ; on fe rend pour cet
effet dans une plaine immenfe qui eft
de l'autre côté du Rhône, & qui communique à la ville par un pont, monument de la magnificence & de l'induftrie des Romains ; le peuple libre ce
jour-là, parce qu'on lui dit qu'il l'eft,
s'abandonne à la double yvreffe de la
joie & du vin ; & quand la nuit a mis
fin à fes faturnales, il repaffe en défordre le pont unique qui le fépare de fa
patrie. L'année du défaftre, il s'éleva
quelque querelle entre de jeunes perfonnes du fexe & les commis de la barriere qui, fous prétexte d'examiner fi
elles n'emportoient aucun effet de con-
trebande, prirent avec elles des liber-
tés dont rougiffent en public même des
courtifannes : leurs peres ou leurs maris,
qui n'étoient pas affez yvres pour être
infâmes, s'emporterent ; & quand le
tumulte commença à devenir dange-

reux, les commis firent fermer les portes de la Ville ; la multitude se trouva alors refferrée dans l'enceinte du pont ; & comme on ne ceffoit d'avancer du côté de la plaine, le défordre monta à fon dernier période, & l'enceinte de la porte ne fe trouva bientôt peuplée que de cadavres & d'hommes mutilés qui craignoient de ne pouvoir mourir.

Ce furent encore les équipages & les chevaux qui amenerent la cataftrophe : le peuple fe vit en un inftant enfermé entre des caroffes qui avançoient & l'airain impénétrable d'une porte de ville : il s'effraya, & fa terreur faifant cabrer les chevaux, ne fervit qu'à augmenter le nombre des victimes.

Il y eut dans ce défaftre de Lyon une circonftance effayante de plus que dans celui de Paris : un grand nombre de citoyens voulant fe dérober à la mort, monterent fur les parapets du pont, & fe précipiterent dans le Rhône; mais comme le lit du fleuve fous les arches eft couvert de rochers à fleur d'eau, tous ceux qui tomberent furent brifés dans leur chute , & leur mort fans être plus prompte n'en fut que plus cruelle.

On m'a rapporté dans Lyon une fcène tragique qui fe paffa dans cette nuit mémorable , & dont le fouvenir affreux s'eft perpétué parmi les habitans ; un jeune homme qui idolâtroit fa mere , au commencement du tumulte en avoit été féparé par le flux & le reflux de la multitude : quand les cris lamentables des citoyens qu'on écrafoit, commencerent à fe faire entendre , il courut la fureur dans les yeux & la mort dans le fein vers le lieu de la fcène; le premier objet qui frappa fes regards fut cette mere adorée , étendue fur des cadavres & des corps palpitans , dont l'œil glacé s'entrouvroit pour le recon-

noître, & qui de ſes bras mutilés ten-
toit encore de l'enlaſſer : ſa penſée em-
braſſa dans un inſtant indiviſible tout
cet affreux ſpectacle : car à peine étoit-
il aux piés de ſa mere, que les flots de
la multitude le porterent avec rapidité
hors du lieu du déſaſtre : il marcha alors
ſur le ſein de la victime qu'il étoit venu
ſauver ; & quoique ſon intrépidité eût
fait de lui un héros, cette femme em-
porta peut être au tombeau le regret
d'avoir cru ſon fils parricide.

On n'a jamais ſçu préciſément le
nombre des perſonnes qui périrent dans
cette fête fatale : mais en réduiſant les
calculs exagérés des malheureux qui y
ſurvécurent, il eſt difficile de ne pas
faire monter à trois cens le nombre des
victimes.

Qu'on ne diſe donc pas que le déſaſtre du 30 Mai eſt un événement unique dans ſon genre, contre lequel il

ne faut pas plus prendre des mefures que contre un tremblement de terre. De plus le malheur qui eft arrivé dans la rue Royale, fe répete toutes les années en détail dans les autres rues de Paris ; mais on y fait peu d'attention, parce qu'il faut à la multitude de grands fpectacles, & que les traits les plus pathétiques frappent bien moins quand ils font épars que quand ils font réunis dans le même tableau.

Je mene une vie très-fédentaire que je partage entre les morts célebres que j'étudie, & un petit nombre d'amis que je fréquente ; cependant moi feul j'ai vu dans l'efpace de neuf mois un homme, deux femmes & un enfant écrafés fous les roues des carroffes. La derniere de ces fcènes tragiques fe paffa le 6 de Juillet dans la rue Saint-Severin. Le malheureux qui y périt, étoit fils d'un artifan obfcur, mais honnête, l'idole de de fa famille , & l'objet des foins d'un ami généreux, qui, frappé de fes talens naiffans , travailloit à l'élever moins pour lui que pour la patrie. Cet enfant fut partagé en deux par la roue, & lorfque les cris du peuple firent arrêter les chevaux , déja la victime n'étoit plus (1).

Des fcènes femblables fe paffent fréquemment dans les divers quartiers de Paris ; mais le peuple n'eft ému que de

---

(1) Voilà donc une famille nombreufe plongée dans la défolation, une ame honnête découragée pour le bien, & peut-être un grand homme perdu pour l'Etat, parce qu'un bourgeois a rougi d'aller à pied d'une rue à une autre. Si un tel malheur m'étoit arrivé , & que je n'employaffe pas tous les inftans de ma vie à procurer à la famille que j'ai rendu malheureufe, toutes les confolations qui feroient en mon pouvoir, je me croirois indigne de porter le nom d'homme.

C

ce qu'il voit ; ajoûtons que dans une ville immenſe le même fait ne ſe répand pas uniformément partout ; l'habitant de la rue Saint-Jacques ignore le meurtre qui s'eſt commis à la place Vendôme , & le citoyen du fauxbourg Saint-Germain n'apprendra peut-être jamais qu'une femme a été écraſée ſous les murs de la Baſtille.

PARAGRAPHE V.

TRÈS-HUMBLES REPRÉSENTATIONS AUX MAGISTRATS.

CE n'est donc point à un Seigneur parfumé, qui promene dans les cercles son ennui & son indifférence pour l'espece humaine, à examiner si ma réclamation est légitime ; ce rôle n'appartient qu'à des Magistrats accoutumés à embrasser la ville entiere d'une vûe générale, & à faire concourir au bien de l'Etat cette multitude de roues opposées, qui font mouvoir la grande machine politique sans la gêner dans sa marche : ils ont en main les pieces du procès ; qu'ils jugent entre les automates titrés, qui disent que tout est bien, & le citoyen honnête & sensible qui indique à la fois le mal & le remede ; entre l'homme blasé qui n'estime que son cuisinier, son serrail & ses chevaux, & le Philosophe qui attache quelque prix au sang des hommes.

J'ai vu quatre personnes écrasées à Paris dans l'intervalle de neuf mois ; on pourroit en conclure, sans être misantrope, qu'il y en a au-moins soixante par an ; mais ne comptons que trente victimes, & supposons qu'il y en a un pareil nombre d'estropiées, le calcul sera réduit sans cesser d'être effrayant. Qu'ont fait à l'Etat tous ces malheureux, dont les uns expirent dans les agonies d'une mort lente & cruelle, & dont les autres hideux & mutilés ne peuvent faire un pas, sans s'indigner contre les riches, & maudire le systême de l'inégalité ?

Quand il n'y auroit que dix personnes que les voitures de Paris feroient périr d'une mort violente, quand il n'y en auroit qu'une feule; où eft le Gouvernement où la vie d'un homme n'eft rien ? & qu'eft-ce que tous les chevaux d'un Royaume auprès d'un citoyen ?

PARAGRAPHE VI.

DES CORPS VIGOUREUX DES ANCIENS.

Courte digreſſion ſur les Modernes.

LE deſaſtre de Paris m'a fait faire des recherches ſur cette eſpece de luxe, qui conſiſte à ne pouvoir traverſer une rue ſans le ſecours d'une priſon mobile où l'on ſe renferme , & à ſe rendre paralytique afin de repréſenter.

Dans le tems de la jeuneſſe du genre humain, il eſt à croire que perſonne ne rougiſſoit de faire uſage de ſes jambes ; la vigueur faiſoit alors un mérite, & devenoit pour les individus un principe de ſupériorité : on ne voyoit point de ces vieillards de trente ans, qui, avec des yeux ternes & des organes uſés, haletent en cherchant le plaiſir qui les fuit, ont des jouiſſançes qui font leur

fupplice & n'exiſtent que pour blaſphé-
mer la nature.

J'obſerve même que depuis les tems
héroïques juſqu'à nous, les peuples les
plus énervés ont rendu hommage aux
hommes qui avoient conſervé cette vigueur primitive : un athlète vainqueur
étoit un demi-dieu pour les Grecs; l'Europe ne prononçoit qu'avec reſpeɛt le
nom de nos hommes d'armes & des anciens héros de la Chevalerie; & quand
l'Eſpagnol, lors de la découverte du
Nouveau Monde, vit le Caraïbe ter-
raſſer lui ſeul un Jaguar, faire à pied
trente lieues en un jour, & ſe défendre avec des rochers contre ſon artillerie, il prit quelque tems le ſauvage pour
l'homme de la nature, & lui-même
pour l'homme dégénéré.

Qu'avons-nous gagné à ſubſtituer des
forces étrangeres à celles qui dépen-
doient de notre volonté ? peu à peu nos

organes ont perdu leur reſſort ; les petites cordes homogenes qui compoſent
le tiſſu nerveux ont ceſſé d'exécuter
leurs vibrations, & on a été réduit à
acheter le plaiſir qu'on n'eſpéroit plus
de goûter.

Delà un ſentiment vague d'ennui
s'eſt emparé de ceux qui ont négligé de
faire uſage des bienfaits de la nature :
les hommes ont eu leurs maux de nerfs,
& les femmes leurs vapeurs : ils s'épui-
ſent tous pour chercher de nouvelles
ſenſations voluptueuſes ; & enfin ils ter-
minent leur inſipide carriere, ſans avoir
connu le bonheur.

PARAGRAPHE VII.

RECHERCHES SUR L'ORIGINE DES CHARS.

PLINE, dont la science embrassoit toute la nature, prétend que le premier ouvrage qui ait été écrit sur l'équitation & sur les chars, est celui de l'Athénien Simon (1) ; mais le nom de cet Auteur n'existe plus que dans la mémoire des Bibliographes.

Xenophon, un des plus grands guerriers & un des meilleurs philosophes de la Grece (ce qui peut-être n'est

___

(1) *Hist. natur. Lib.* ***XXXIV.*** *cap. 8.* par reconnoissance Athènes lui avoit fait ériger une statue équestre en bronze dans le temple d'Eleusis ; mais le temps a détruit également la statue & l'ouvrage.

pas contradictoire), écrivit auffi quelque chofe fur ce fujet (1) ; malgré le
grand nom de cet Ecrivain, fon ouvrage eft meilleur à citer qu'à con-
fulter.

Paufanias, dans fon voyage de l'Eli-
de, a répandu quelques lumieres fur ce
point de difcuffion : c'eft-là qu'il trace
l'hiftoire des jeux olympiques ; & le
peu qu'il dit des chars de la Grece eft
plein d'intérêt, parce qu'il examine
cette partie de la gymnaftique, comme
antiquaire, comme hiftorien & comme
philofophe.

Pierre du Faur, pere du célebre Pi-
brac, le Miniftre proteftant Bullinger,
le Médecin Mercurial & cet Onuphre
Panvinius, qui a tant critiqué les Céfars
& tant flatté les Papes, ont auffi, dans

----

(1) Voy. *Tractat. de re equeftri*, Oper. Tom.
VI. édit. Oxon.

les deux siecles derniers, écrit sur les
chars; mais leurs ouvrages n'ont pu
m'être d'aucune utilité, soit parce
qu'ils n'ont eu en vûe que les jeux de
la Grece & non un objet de luxe fatal
aux deux mondes; soit parce qu'au lieu
de raisonner, ils se contentent de com-
menter Homere, Plutarque & Pau-
sanias.

Un Moine moderne, pesamment laborieux, a consacré dix années de ses
veilles scholastiques à faire des recherches sur l'époque de l'usage des chars
chez les Anciens (1). Je connois peu
d'ouvrages plus travaillés, & cependant plus obscurs que celui-là, plus sça-

(1) Voyez *Recherches sur l'époque de
l'équitation & de l'usage des chars*, &c. par
le R. P. Gabriel Fabricy, de l'Ordre des
Freres Prêcheurs, & de l'Académie des
Arcades.

vans & plus inutiles ; l'auteur ne prouve jamais, mais il cite ; il s'occupe moins à éclairer qu'à compiler ; c'eft le Pere Hardouin de ce fiecle : il ne poffede pas l'imagination de ce Jéfuite, mais il a fon obfcurité, l'intempérance de fon érudition, & fa logique.

Il eft affez fingulier que dans le dix-huitieme fiecle il fe foit trouvé un Ecrivain qui ait compilé les faftes Egyptiens, Chaldéens & Chinois, pour difcuter un point de chronologie inutile, & qui ait employé deux volumes *in*-8°. à prouver que les chevaux ne commencerent à tirer & à porter que dans le fiecle de Jacob.

Comme ce Moine n'a rien appris aux philofophes fur la police des chars, que tous fes calculs ne tombent que fur des objets étrangers, & qu'il a tout approfondi, excepté fon fujet : fon ouvrage n'eft bon ni à lire, ni même à citer.

Il paroît au reste que l'invention des chars est de l'antiquité la plus reculée : car Eschyle ne pouvant remonter plus haut, l'attribue à ce Prométhée, qui, suivant l'ancienne mythologie, fut éternellement puni des dieux, pour le crime d'avoir créé les hommes (1).

---

(1) Voici le texte d'Eschyle, qui prouveroit que la Grece étoit policée bien des siecles avant ce poëte : opinion cependant que plusieurs Sçavans peu philosophes regardent comme un blasphême.

« A quel autre que moi les nouveaux » dieux doivent-ils les biens qu'ils posse-» dent ?..... Ils voyoient, mais ils voyoient » mal : ils entendoient, mais ne compre-.. noient pas ; êtres frivoles semblables » à des songes légers, ils confondoient » tout ; ils ignoroient l'art de bâtir des » maisons : tels que d'avides insectes, ils » se creusoient sous la terre d'obscurs » cachots ; la froidure des hivers, les

Je fçai qu'il importe fort peu aux enfans des malheureux qui ont été écrafés
à Paris le 30 Mai, que ce foit le Prométhée d'Efchyle, ou la Minerve de
Cicéron, ou l'Erichton de Virgile (1),

» fleurs du printems, les moiffons de l'été,
» ne leur apprenoient point à diftinguer les
» faifons; je leur fis connoître le lever des
» aftres & leur coucher; je leur enfeignai la
» fcience admirable des nombres, & je for-
» mai en eux la mémoire mere de la fcience
» & des mufes. ..... J'accouplai les ani-
» maux fous le joug. ..... *J'accoutumai les*
» *courfiers au frein, je les attelai à des chars*
» *pour fervir au luxe & au fafte des riches.*
» Perfonne avant moi n'avoit inventé ces
» chars ailés qui volent à l'aide des vents fur
» la vafte plaine des mers, &c. ». Tragédie
de Prométhée, traduct. nouvelle, acte III,
fc. 1.

(1) *Primus Erichtonius currus & quatuor aufus*
Jungere equos, rapidifque rotis infiftere victor;
Frena Pelethronii Lapithæ, gyrofque dedére

qui aient inventé l'art de faire traîner une prison mobile par deux ou quatre chevaux : mais puisqu'on a abusé de l'éru-

---

Impofiti dorfo ; atque equitem docuère fub armis
Infultare folo , & greffus glomerare fuperbos.

Georg. Lib. III.

Erichton le premier , par un effort fublime ,
Ofa plier au joug quatre courfiers fougueux ,
Et porté fur un char s'élancer avec eux ;
Le Lapithe monté fur ces monftres farouches ,
A recevoir le frein accoutuma leurs bouches ,
Leur apprit à bondir , à cadencer leurs pas ,
Et gouverna leur fougue au milieu des combats.

Trad. de l'Abbé de Lille.

On peut concilier Efchyle & Virgile , en difant que Prométhée inventa les chars à deux roues , *bigas ;* & Erichton les chars à quatre roues , *quadrigas :* ce qui eft moins abfurde que de faire la même perfonne de Prométhée & d'Erichton, comme Zoroaftre a été pris pour Adam par Cluvier , pour Abraham par Procope , pour Sem par Grégoire de Tours , & pour Moyfe par le fameux

dition pour faire l'apologie du luxe, il
m'est bien permis d'en user pour faire
sa critique.

Nos Philosophes modernes font bien
loin de suppofer une grande ancienneté
à l'époque de l'institution des chars :
ceux-mêmes qui font du Monde un être
coéternel à la Suprême Intelligence ,
paroiffent fur ce fujet les pyrrhoniens
les plus décidés ; plus ils vieilliffent le
genre humain, & plus ils le font enfant
fur fes ufages.

Quelques Auteurs fe font imaginés
que le cheval même fut long-tems un
quadrupede fauvage , & inconnu aux
Grecs : un Grammairien d'Egypte ,
nommé *Pollux* , foutenoit ce para·
doxe dans le fecond fiecle de notre

Evêque d'Avranches , jufqu'à ce M. Anque·
til nous le donne pour lui-même , c'eft-à-
dire , pour Zoroaftre.

Ere

Ere (1), & des fcholiaftes ont pouffé
la démence pythonienne jufqu'à accufer Homere d'anachronifme , pour
avoir tiré de l'art de monter à cheval
fes images & fes comparaifons (2).

Cette idée me paroît une des plus
folles qui foit jamais entrée dans la tête
des commentateurs. La Pline des Romains & le nôtre ont démontré que de
tems immémorial les chevaux fauvages
ont été en fort petit nombre, & qu'il a
été très-facile à l'homme d'en faire la
conquête, à moins qu'il ne fût encore
plus fauvage que ces quadrupedes.

Ces Scholiaftes reffemblent un peu à
l'Abbé Banier, qui prétendoit que les
Perfes ignorerent long-tems l'ufage du

(1) Voyez fon Dictionnaire grec , connu
fous le nom d'*Onomafticon* , I. 140.
(2) Voyez Spanheim, *de præftant. numifm.*
Tom. II. p. 133.

D

feu (1), tandis que le climat qu'ils ha-
bitoient étoit embrasé neuf mois de l'année par les feux du soleil : tandis que le
culte du feu étoit chez ces peuples plus
ancien que Zoroastre.

Plutarque, un des Sceptiques les plus
judicieux qui aient écrit sur les actions
des hommes & sur leurs pensées, com-
paroit l'histoire des premiers âges à ces
terres inconnues que les Géographes
mettent à l'extrémité de leurs Cartes,
& qu'ils supposent formées de sables
arides, couvertes de glaces éternelles,
ou habitées par des monstres (2). La
plûpart des Commentateurs sont ces
Géographes ; ils croyent que trois mille
ans mettent une différence essentielle
entre les hommes ; qu'une vingtaine de

---

(1) Explicat. des Fables, *Tom. III.* p. 201.
(2) *Plutarch. parallel. oper.* Tom. I.
pag. 1.

siecles suffisent pour changer la face de la terre ; & que la nature telle que nous la voyons, n'est point la même que celle des tems d'Hermès & de Pythagore.

Il est probable que dès que les hommes furent réunis en société, ils se firent de nouveaux besoins, & qu'ils songerent, pour les satisfaire, à mettre un certain nombre d'animaux sous leur dépendance. Le cheval fut le premier à qui ils donnerent des chaînes ; mais on ne peut décider avec les seules lumieres de la raison, si on l'employa d'abord à porter plutôt qu'à tirer ; & s'il y eut des hommes de cheval avant les cochers.

Lucrece semble décider la question en faveur du Cavalier (1) ; mais ce

---

(1) *Et prius est repertum in equis conscendere costas,*
Et moderarier hunc frænis, dextraque regere,
Quam bijugo curru belli tentare pericla ;

Poëte qui a tant fait de beaux vers, s'eſt trompé ſi ſouvent dans ſes récits & dans ſes ſyſtêmes, que ſon autorité, ſi grande pour les gens de goût, n'eſt preſque rien pour les Philoſophes.

D'abord il n'eſt pas vrai qu'il ſoit plus ſimple de monter un cheval que de lui faire traîner un char, ſur-tout dans l'o-rigine, où une voiture ne devoit être qu'un traîneau, ſans roues & ſans reſ-ſorts : de plus, la plûpart des découver-tes ſont dûes au hazard, ce qui jetteroit encore des doutes ſur cette marche mé-thodique qui conſiſte à paſſer toujours du ſimple au compoſé ; enfin les raiſonne-mens ne prouvent rien contre les faits ; or il paroît, par le ſuffrage de la plûpart des Hiſtoriens & des Poëtes de l'anti-

Et bijugo prius eſt quam bis conjungere binos,
Et quam falciferos inventum adſcendere currus.

De naturâ rerum. *Lib. V.*

quité, qu'on fe fervit d'abord des chevaux en les attelant à des chars, foit
pour combattre, foit pour voyager (1);
ainfi, malgré Lucrece, les titres de no-
bleffe des hommes de cheval font pof-
térieurs à ceux des cochers.

Le traîneau fut probablement la plus
ancienne des voitures : d'abord on imagina de le pofer fur des rouleaux déta-
chés ; enfuite on les lia au corps de la
machine (2) : enfin on trouva l'art d'é-
vider les roues en les compofant de
jantes & de raies, & le traîneau devint
un char digne de porter les ftatues des

---

(1) Odyff. Hom. *Lib. III. verf. 475. &c.*
Diod. Sicul. *Lib. V.* Pollux Onomaft. *I.
Segm. 141.* Palœphat. *de incred. c. 1. &c.*

(2) Les roues pleines & maffives atta-
chées au corps des traîneaux font encore en
ufage au Japon. Voyez Kaempfer, *Hift. du
Japon.* Tom. III. p. 218.

D iij

dieux & les héros montant en triomphe au capitole.

La plus ancienne époque de la découverte des chars remonte à plus de trois mille ans avant notre Ere vulgaire. *Hienc-Yuene*, *Empereur de la Chine*, dit Lopi (1), *inventa les chars, il joignit ensemble deux pieces de bois, l'une posée droit & l'autre en travers, afin d'honorer le Très-Haut . . . . par ce moyen il gouverna l'Univers en paix.* Il y a un peu loin de ce traîneau grossier à ces chars, moitié dorés & moitié transparens, que les travaux de dix artistes différens contribuent à décorer, & qui engloutissent le prix d'une maison entiere ; aussi nous n'achetons pas un carosse *pour honorer le Très-Haut ; & le monde n'est point*

_____

(1) *Extrait des Hist. Chinois*, par M. des Hautesrayes. *Orig. des Loix*, de Goguette. Tom. VI. p. 320.

gouverné en paix par ceux qui menent des cabriolets.

Hoang-Ti long-tems après, c'est-à-dire 2697 ans avant notre Ere vulgaire (1), perfectionna le traîneau inventé par Hiene-Yuene, il fabriqua un char sur lequel étoit une figure dont le bras se tournoit toujours de lui-même vers le midi, afin d'indiquer les quatre régions (2); ce qui feroit croire que la Chine n'étoit encore alors qu'un vaste désert, où l'on ne pouvoit voyager sûrement qu'à l'aide de la boussole.

L'Egyptien bien moins ancien que le Chinois, fit aussi long-tems après lui la découverte des chars; s'il est permis de s'arrêter quelque instant sur ces tems

---

(1) Je suis ici le calcul du P. Martini. Voy. *Sinicæ Historiæ. dec. I. Lib. I.* pag. 25.

(2) *De l'origine des Loix*, de Goguette, Tom. VI. pag. 341.

fabuleux, qu'on nomme les tems héroïques, il paroît qu'on en partage l'honneur entre Orus, fils d'Ofiris, & Sefof-
tris (1). Les fucceffeurs de ces Princes
perfectionnerent les chars, & les ren-
dirent meurtriers en les armant de faulx.
Bientôt les Etrangers qui commerçoient
fur les bords du Nil, adopterent ce
nouvel inftrument de la férocité mili-
taire, & s'en fervirent avec fuccès contre fes inventeurs.

Le Cantique de Moyfe, monument
fublime de bon goût au milieu d'un
fiecle barbare, parle des chars de Pha-
raon (2); cependant les Hébreux qui

---

(1) *Dicearchus apud Schol. Apollon. Rhod.*
Lib. I.

(2) *Cantemus Domino, gloriosè enim mag-*
nificatus eft ; um *& afcenforem dejecit in*
mare . . . . currus Pharaonis & exercitum ejus
projecit in mare. Exod. Cap. XV.

prirent les lumieres des Egyptiens &
leurs richesses, ne voulurent pas tenir
d'eux l'usage des chariots ; Absalom
paroît le premier qui l'introduisit en
Israël (1). Jusqu'alors les Rois n'avoient
voyagé que sur des mules, & les premiers de l'Etat n'avoient eu que des
ânes pour montures. Salomon est même le seul Prince de cette Nation qui
ait entretenu dans ses palais un grand
nombre de chars (2), & il en avoit
besoin sans doute pour promener ses
sept cens femmes & ses trois cens con-
cubines.

Pour les chariots armés de faulx,
plusieurs Nations voulurent ravir à l'E-
gypte la gloire atroce d'en avoir fait la
découverte ; Xenophon l'attribue à Cy-

---

(1) Reg. *Lib. II. Cap. XV.*
(2) Bochart, *Hierozoic. Part. I. Lib. II. c. 9.*

rus (1) ; Hefychius à un Roi de Macé-
doine (2) ; & Ctefias à Sémiramis (3).
Il eft inutile de s'appefantir fur ces dif-
cuffions, & de faire honneur à la mémoire d'un Souverain de ce qui eft un
crime , aux yeux du Philofophe.

Au refte, fi quand il s'agit de faits
hiftoriques, la raifon pouvoit avoir quelque autorité, j'inclinerai à penfer que
les chariots armés de faulx, ont été inventés fur les bords du Nil. L'Égyp-
tien de tems immémorial a été le plus
lâche des peuples des deux continens;
Nabuchodonofor, Cyrus, Alexandre,
Céfar, & le Calife Omar, n'ont eu
befoin que de paroître dans la contrée

_____

(1) Cyroped. *Lib. VI. cap. 1.*
(2) *Lexicon. Tom. 1. col.* 1032.
(3) Voyez quelques extraits de cet Hiftorien, dans le fecond **Livre de Diodore de Si-**
cile.

qu'il habitoit, pour en faire la conquête : il est donc bien probable que les
Souverains, pour suppléer à la foiblesse
de leurs sujets, eurent recours de bonne
heure à des inventions qui rendoient
inutiles la valeur de leurs ennemis ; des
chariots armés de faulx pouvoient faire
une armée de Sybarites aussi forte qu'u-
ne armée de Spartiates ; comme depuis
quelques siecles, l'artillerie a rendu
tout égal entre des grenadiers François
& des soldats du Pape.

Cette réflexion ne conduit point
à adopter toutes les rêveries consi-
gnées dans l'histoire Egyptienne. Qui
croira Hérodote, quand il dit que Sé-
sostris partit avec six cens mille fan-
tassins, vingt-quatre mille chevaux, &
vingt-sept mille chars armés de faulx,
pour conquérir toute la terre ? Que penser des Auteurs qui ont écrit que la ville
de Thebes avoit cent portes, par cha-

cune defquelles fortoient deux cents
chariots armés en guerre, & cent mille
combattans : calcul qui fuppoferoit cinquante millions d'habitans dans une
feule ville, tandis que le pays entier
n'en a jamais pu nourrir plus de fept
millions (1) ? Tous ces hommes créés
avec la plume des Rhéteurs, reffemblent à ceux qui furent créés avec les
pierres de Deucalion.

Il eft probable que les peuples dont
le corps & l'ame étoient également
énervés, ont pu inventer les chars ar-

---

(1) Voici un texte de Diodore de Sicile.
Liv. I. ch. 17. « L'Egypte a été & eft en-
» core aujourd'hui auffi peuplée qu'aucun
» lieu du Monde ; on y voyoit fous le regne
» de Ptolémée fils de Lagus, trois mille
» villes qui fubfiftent encore aujourd'hui :
» on comptoit autrefois fept millions d'hom-
» mes dans cette contrée, & aujourd'hui il
» n'y en a guères moins de trois millions ».

més en guerre ou en adopter l'usage ;
pour les chars ordinaires, on les a trouvés de tout tems chez les Nations les
plus belliqueuses ; sur-tout dans les pays
où les citoyens toujours errans n'habi-
toient que sous des tentes : on cite en
particulier les Issedons (1) , les Massa-
getes (2) , les Scythes anciens (3) , &
les Tartares modernes (4) ; mais tous

---

(1) Tzetzes *in Chiliad. apud Bayer. Chro-
nol. Scyth. Comment. Tom. III. pag. 346.*

(2) Ammian. Marcell. *Lib. XXXI.*

(3) Herod. *Lib. IV.*

(4) Leurs tentes , dont quelques-unes
ont vingt ou trente pieds de long, sont faites de feutre blanc enduit de chaux ou de
terre , & terminées en pointe ; elles sont
posées sur des roues, & traînées par des
bœufs : l'assemblage de ces maisons ambulantes forme les villes de Tartarie.
Hist. Génér. des Huns, par M. de *Guignes.*
Tom. I. Part. II.

ces peuples Nomades n'abuserent jamais ni en paix ni en guerre de leurs tentes ambulantes pour les rendre meurtrieres: il n'étoit réservé qu'au luxe des peuples policés , de rendre les voitures de leurs Sybarites aussi fatales aux hommes que des chariots armés de faulx.

Il ne faut même chercher que parmi nous ces peuples policés & ces Sybarites. Les Anciens eurent quelquefois des chars destructeurs , mais nous allons voir que leur sage police en prévenoit les désordres: le luxe chez eux étoit sans cesse modifié par la loi, il ne pouvoit devenir funeste qu'à ceux qui en faisoient usage ; & en effet , il est fort naturel que ceux qui amenent un fléau dans leur patrie en soient les premieres victimes.

PARAGRAPHE VIII.

CONSIDÉRATIONS SUR LES GRECS.

LEs Grecs ont de tems immémorial connu les chars, & parmi eux les habitans de Cyrene sont ceux qui ont le plus perfectionné cette découverte du luxe (1) ; d'où il ne faut pas conclure qu'ils écrasoient beaucoup d'hommes, mais seulement qu'ils remportoient beaucoup de victoires aux Jeux Olympiques.

---

(1) Voici ce qu'en dit Maxime de Tyr, qui eut la double gloire d'être disciple de Platon & précepteur de Marc-Aurele : *Disciplina Cretensium est venari, montes superare, sagittare, currere ; Thessalorum, equitare ; Cyrenensium, aurigare.* Maxim. Tyr. *Differt. VII. Daniele Heinsio interprete,* edit. Lugd. Batav. 1607.

Les Grecs n'avoient qu'une efpece de chars qu'ils nommoient *arma*; & l'unique différence qu'on obfervoit entre leurs voitures venoit de la diverfité des attelages (1) : leur *funoris* étoit un *arma* attelé de deux chevaux : quand ils en mettoient quatre, ils l'appelloient *tetroris* ; & ce qu'il y a de fingulier , c'eft que l'inftitution du *tetroris* précéda celle du *funoris* de 272 ans. Les quatre chevaux du *tetroris* étoient rangés de

---

(1) Il eft certain que Paufanias ne parle jamais que de l'*arma* ; & quand Amafée , fon traducteur latin , a rendu les mots de *calpe* & d'*apene* par ceux de *rheda* & de *carpentum*, qui défignoient à Rome deux fortes de voitures , il a manqué de fidélité ; le *calpe* des Grecs n'étoit que l'*arma* attelé de jumens ; & l'*apene*, le même *arma* attelé de mules. Il eft bien fingulier que le fçavant Amafée ne fçût ni les ufages des Grecs , ni la valeur de leurs expreffions.

front ,

front, ce qui devoit rendre ce char bien plus rapide & bien plus dangereux encore que les nôtres ; mais on ne s'en servoit que dans les jeux & dans les combats. Ainfi le luxe de la Grece ne pouvoit mutiler que des ennemis de l'Etat ou des athletes.

Au refte, dans la premiere époque de l'inftitution des chars, il n'étoit pas permis indifféremment à tout homme riche d'en ufer ; c'étoit un privilege réfervé pour les Héros (1), les ftatues des dieux, & les femmes.

Un homme qui n'eût été que riche, n'auroit pu fe faire traîner mollement fur un char conduit par un efclave ; Minos l'auroit chaffé de Crete, Lycurgue de Sparte, & Solon d'Athènes : pour les autres villes de la Grece, il

_____

(1) Voyez un hymne d'Homere cité par Paufanias dans fon Voyage de l'Attique.

E

s'y feroit vu flétri; & on fçait que dans tout bon Gouvernement on eft encore plus fenfible au mépris du citoyen qu'à la pourfuite de la loi

Dans la fuite la gymnaftique étant devenue une fource de gloire pour ces Républicains célebres, le nombre des athletes & des conducteurs des chars s'accrut avec la facilité d'obtenir des triomphes; alors les Légiflateurs mirent par leurs ordonnances un frein à la fureur des fpectacles. Solon réforma dans Athenes la gymnaftique (1); les Rois d'Egypte firent encore plus, ils la défendirent à leurs fujets (2); & les chars qui devoient augmenter la pompe des jeux, ne fervirent plus qu'à traîner les pierres pour la conftruction des obélifques.

---

(1) *Voyez* Diog. Laër. *Vie de Solon.*
(2) Hift. univ. de Diod. de Sic. *Liv. I.*

Cependant la sage réforme des premiers Magistrats de la Grece, ne tomboit que sur les chars qui disputoient le prix dans les jeux. Il n'y avoit point de loi contre ce que nous appellons des équipages, parce que cette branche de luxe étoit inconnue. Les hommes ne parcouroient qu'à pied les rues de leur patrie ; & cet usage si conforme à la nature étoit le même dans toutes les villes de la Grece : il faut en excepter peut-être Sybaris ; mais le Philosophe sçait que Sybaris n'étoit habité que p... des femmes.

E ij

PARAGRAPHE IX.

DE L'HYPODROME D'OLYMPIE.

QUOIQU'ON ne connût que des chars d'Athletes, la vigilance des Archontes, des Ephores, &c. n'étoit point endormie fur cet objet de Police ; on prenoit toutes fortes de précautions pour que de frivoles fpectacles ne coutaffent pas la vie à des citoyens ; ainfi le ftade deftiné pour la courfe des gens de pied, étoit diftingué de l'hypodrome réfervé pour la courfe des chars & des chevaux, & il n'étoit permis à perfonne de s'exercer indifféremment dans les deux carrieres.

La barriere feule du célebre hypodrome d'Olympie avoit quatre cens pieds de long (1) ; de chaque côté

---

(1) Voyez la planche que l'Abbé Gedoyn

étoient des remifes où fe rangeoient les chars dans la place que le fort leur avoit affignée. Ils y demeuroient enfermés par des cables qui fermoient l'entrée des remifes, jufqu'à ce qu'un Dauphin s'abattant de deffus la porte de l'hypodrome, les cordes qui captivoient les chars s'abattoient auffi : alors tous fortoient en même tems, & alloient en deux files occuper la place qui leur étoit deftinée dans la carriere.

L'enceinte de l'hypodrome étoit fermée par un mur à hauteur d'appui, derriere lequel fe rangeoient les fpectateurs, & qui les empêchoit à la fois de trembler pour leur vie, & de troubler le fpectacle.

Homere qui eft encore un hiftorien utile

---

a fait graver de cet hypodrome, dans fa *Traduction de Paufanias.*

E iij

quand il n'eft pas un poëte fublime,
nous apprend auffi qu'au-delà du terre-
plein qui environnoit la borne de l'hypodrome régnoit une tranchée d'une
pente douce (1) qui étoit en même

---

(1) « Ménélas, dit un Traducteur mo-
» derne, voulant éviter la rencontre des
» chars, fuivoit un chemin étroit bordé
» d'une efpece de ravine : Antiloque prend
» la même route, s'approche de Ménélas,
» & le poufle vers le précipice ; *Arrétez*, sé-
» crie le roi de Sparte, *votre fureur nous per-*
» *dra tous deux.* Antiloque fourd à fes cris,
» le preffe avec plus d'ardeur encore, & le
» devance : car Ménélas craignant quelque
» défaftre, retient fes courfiers ; cependant
» il s'emporte contre fon adverfaire : *Va,*
» *jeune homme impétueux*, dit-il, *va, je révé-*
» *lerai ta fraude, & tu ne remporteras le*
» *prix que par un parjure.* Voyez Iliad. Liv.
» XXIII ».

Les plaintes de Ménélas fur le crime d'Antiloque, prouvent encore la grande police

tems l'ouvrage du goût & de l'humanité. Cette espece de ravine devenoit
néceſſaire dans le cas où un des chars
venoit à se briſer contre la borne ; au-
trement cet accident auroit mis fin au
spectacle. Il falloit donc que les chars
qui ſuivoient deſcendiſſent dans le foſſé,
& fiſſent autour de la borne un cercle
plus étendu, afin que les débris du
premier char ne les briſaſſent pas auſſi
à leur tour. Cette inſtitution de police
étoit encore dictée par la ſenſibilité : le
conducteur d'un char tomboit ordinairement avec lui ; mais ſi ſes rivaux avoient
le droit de ſe précipiter ſur lui, quelle pouvoit être ſa reſſource au milieu de ces dé-

---

que les directeurs des jeux faiſoient obſerver
parmi les combattans : & en effet le hazard
occaſionnoit aſſez de déſaſtres dans les cour-
ſes des chars , ſans tolérer encore ceux qu'y
faiſoient naître l'artifice ou la malignité.

E iv

bris de chars fracaffés , de ces chevaux
fougueux , & de ces athletes qui n'afpi-
roient pas à vivre , mais à vaincre ? Il
falloit donc forcer les combattans, dans
un inftant où la gloire feule fait entendre fa voix, à ménager le fang des hommes ; & cette inftitution étoit digne
de ces Grecs qui pour venger un citoyen écrafé fous les ruines d'un monument, firent le procès à la ftatue pour
laquelle on l'avoit érigé.

PARAGRAPHE X.

Police de Rome sur les Chars.

LEs Romains, qui n'étoient deſtruc-
teurs que ſur le champ de bataille,
eurent ſur les chars une police peu dif-
férente de celle des Grecs ; on ne s'en
ſervoit ſous la République que pour
certaines cérémonies religieuſes, pour
les jeux du Cirque, & pour la pompe
du triomphe ; encore dans le dernier
cas, tout étoit pour la gloire & rien
pour la molleſſe : le char étoit doré,
mais ſans impériale & ſans couſſins ; le
triomphateur y paroiſſoit de bout (1),

---

(1) Cet uſage étoit ſi ſacré, que l'Empereur Sévere, après ſa victoire ſur les Parthes, n'oſant l'enfreindre, refuſa le triomphe, parce qu'il avoit la goute. *Spartian.
Vit. Sever.*

& il tenoit lui-même les rênes (1) des chevaux, des lions ou des éléphans qui y étoient attelés. Ce n'est pas-là tout-à-fait ces Vis-à-vis fomptueux dont un éleve de l'Aretin a defliné les panneaux, & où une petite maîtreſſe nonchalamment étendue va promener de fpeéta-cle en fpeétacle fa fuffifance & fon inu-tilité.

Chez tous les peuples policés où les Légiflateurs n'ont point confondu les fonétions des deux fexes, on a accor-dé aux femmes des privileges deftinés à les maintenir dans leur état de foi-bleffe, & peut-être à les en confoler. Ainfi Rome avoit permis à fes citoyen-nes l'ufage des chars : les femmes des patriciens les avoient toutes adoptés; &

---

(1) *Quæ manus arantium boum juga nu-per vexerant*, dit Valere **Maxime**, *triumpha-lis currus habenas retinuerunt.*

on ne voit dans l'histoire aucune exception sur ce sujet pour Lucrece, Arrie
& Eponine, ces femmes qui chez des
Républicains même valoient plus que
des hommes.

Le *carpentum* des Dames Romaines
étoit un char découvert, sans couffins &
sans refforts, qui paroiffoit plutôt un
meuble utile qu'un meuble de luxe. La
premiere époque que nous donne l'Histoire de cette invention, est flétrie par
un crime atroce. Tullia, femme de Tar-
quin, fit paffer son *carpentum* sur le
corps fanglant & mutilé de son pere
qu'elle avoit fait affaffiner ; cependant
quelque fuperftitieux que fuffent alors
les Romains, ils ne se fervirent point,
pour forcer leurs femmes à aller à pied,
de ce préfage finiftre d'un parricide.

Vers le quatrieme fiecle de la fonda-
tion de Rome, fes citoyennes acqui-
rent par un acte de générofité patrioti-

que, le droit de se servir d'un char couvert, connu sous le nom de *pilentum*. La République manquoit alors d'especes numéraires, & elles porterent au trésor leur or & leurs bijoux ; plus fieres de se parer de leur vertu, qu'elles ne l'étoient auparavant des riches bagatelles dont elles étoient chargées : les Magiftrats par reconnoiffance leur accorderent l'usage du *pilentum* ; mais on voit affez que ce *pilentum* ne portoit que des héroïnes.

Le *carruca*, qui semble répondre à ce que nous nommons un caroffe, eft d'une date bien poftérieure au *pilentum* & au *carpentum* : car Pline eft le premier Auteur qui en faffe mention. Il paroît qu'on ne commença à s'en servir que fous les Empereurs ; mais alors le luxe & les crimes de l'Italie commençoient à venger l'univers de son efclavage : le caprice d'un defpote étoit la loi; Rome exiſtoit encore, mais il n'y avoit plus de Romains.

Au reſte on peut obſerver que le *carruca* auſſi-bien que le *pilentum* & le *carpentum*, n'étoient point attelés de chevaux, mais de mules, ſorte d'animaux plus pacifiques & moins dangereux : auſſi ne voit-on pas, depuis l'aventure de Tullia, que les chars de Rome aient jamais cauſé aucun déſaſtre ; le *carpentum* d'une veſtale ne paſſoit ſur le corps d'aucun plébéyen, & le triomphe de Scipion ne couta pas même la vie à un eſclave.

PARAGRAPHE XI.

DES PROMENADES ROMAINES, ET DES COURSES DE CHARS.

CETTE attention des Romains à ne point employer un luxe meurtrier, se remarquoit jusques dans leurs promenades. Lorsque les richesses de l'Asie eurent énervé à la fois leur ame & leurs jambes, & que les patriciens commencerent à rougir d'être confondus avec les plébéyens dans le champ de Mars, ils se promenerent dans leurs chars (1), mais ce n'étoit point dans les rues de Rome ; ils pratiquoient pour cet effet

---

(1) La promenade à pied se nommoit *ambulatio*, & la promenade en voiture *gestatio*. Celse , *Lib. II. cap. 14.* dit que la derniere n'est bonne qu'aux malades.

autour de leurs jardins de vaftes portiques ornés de colonnes fuperbes & des
ftatues des Grands Hommes du premier âge de la République (qui cependant ne s'étoient jamais promené qu'à
pied). Leur luxe avoit un objet diffé-
rent du nôtre ; ils penfoient qu'il n'étoit
pas raifonnable d'attendre le beau tems
pour prendre l'air, ni d'expofer un équipage doré à la pluie, & à la boue ;
chez nous le fafte confifte à avoir des
chevaux rapides, & un cocher qui fçait
écrafer les hommes.

Le courfes des chars n'étoient pas
non plus fatales aux citoyens, parce
que Rome avoit tiré de la Grece fes inftitutions fur ces fortes de fpeĉtacles ; il
paroît même que primitivement on
chercha peu à encourager ceux qui
procuroient ces plaifirs tumultueux à la
multitude. Pline dit que les Magiftrats
n'accordoient aux vainqueurs dans la

courfe des quadriges qu'un verre de jus
d'abfinthe (1) ; il eft vrai que dans la
fuite on mit une étrange difproportion
entre cette efpece de mérite & fa récompenfe : des athletes fe virent hono-
rés comme des Généraux d'armée :
bientôt un conducteur de chars ne put
être payé que par le Souverain ; à la
fin les Céfars eux-mêmes defcendirent
dans la carriere, & alors le métier le
plus noble après celui d'Empereur, fut
celui de cocher.

Cependant malgré l'idée horrible
que Tacite & Suétone nous donnent

---

(1) *Quadrigæ certant in Capitolio, victor-
que abfynthium bibit, credo, fanitatem præmio
dari honorificè, arbitratis majoribus.* Plin. Lib.
XXVII. c. 7. On regardoit alors le jus d'ab-
fynthe comme le fymbole de la fanté : ainfi
on croyoit avoir affez récompenfé un athlete
quand on lui avoit procuré le moyen de mé-
riter de nouvelles récompenfes.

de

de la tyrannie de ces Princes : on auroit tort de conclure qu'un char conduit par l'Empereur, caufât plus de défaftre que celui qui étoit monté par un
athlete ; Caligula, qui faifoit courir les
Sénateurs à pied autour de fon char, ne
s'avifa pas d'en faire paffer les roues fur
leurs corps ; Néron même, tout Néron
qu'il étoit, au milieu de Rome où il
avoit mis le feu, n'ofa pas faire écrafer
par fes chevaux les citoyens éperdus
qui fe déroboient à l'embrafement.

F

PARAGRAPHE XII.

DES CHINOIS.

JE voudrois, mon ami, ne plus parler du défaftre du 30 Mai, ni raffembler dans les autres parties du monde des tableaux de ce genre capables de déchirer l'ame fenfible d'un patriote ; mais il y a à Paris des hommes durs & froids qu'on ne peut émouvoir, qu'en multipliant devant eux les grands traits de pathétique : ce font des moribonds qui ne s'agitent que fous le fcalpel qui les déchire.

Vous fçavez que les malheurs d'un peuple corrigent rarement les autres : il y a même une forte de fatalité attachée aux événemens funeftes, qui fait qu'ils n'arrivent jamais dans une feule contrée : tandis qu'au midi de l'Europe

se passoit le désastre qui vous a fait sou-
pirer, le contre-coup s'en faisoit sentir
aux extrémités de l'Asie ; pareil à ce
tremblement de terre dont le Portugal
gémit encore, & qui dans le même instant désoloit Cadix , anéantissoit Mé-
quinez, & renversoit Lisbonne.

J'apprens d'un de mes amis qui sou-
tient le commerce Européen à Macao ,
une tragédie sanglante qui vient de se
passer dans une ville de la Chine , &
qui a réveillé l'attention du Gouvernement sur le luxe destructeur des chars.
L'Empereur, qui n'est que le pere de
cent millions de Tartares ou de Chinois qu'il gouverne, a réuni le courage
& la prudence dans la réforme de cet
abus dangereux ; & les applaudisse-
mens de sa nombreuse famille lui ont
appris que le bonheur même des despotes consistoit à être bienfaisans.

F ij

Vous fçavez que ces Chinois, que nous avons d'abord méconnus, & que nous avons enfuite calomniés, cultivent les arts de tems immémorial ; leurs connoiffances font prefque auffi anciennes que leur origine ; leurs Géometres avoient écrit fur les propriétés du triangle rectangle avant Pythagore : Confucius avoit calculé trente-fix éclipfes de foleil, lorfque l'Europe entiere étoit encore barbare ; ces Afiatiques imprimoient d'excellens ouvrages, tandis que nous ne fçavions encore ni lire ni écrire.

Parmi les arts que la Chine revendique fur notre orgueilleufe ignorance, il faut mettre l'invention de la poudre : il eft vrai que fon peuple, humain par fyftême & par caractere, n'en faifoit point un ufage deftructeur, il réfervoit fa propriété d'agiter l'air, & fes grands

effets de lumiere pour le ſpectacle des
ỹeux ; il étoit ſans artillerie, & n'avoit
que des feux d'artifice (1).

Cependant les fêtes pour l'élection

---

(1) Encore ces feux d'artifice ſont-ils pacifiques , comme le caractere de la Nation : on y
fait peu d'uſage de ces boëtes qui éclatent
avec peine pour les oreilles , ſans procurer
de plaiſir aux yeux : leurs feux préſentent des
ſpectacles charmans qu'ils diverſifient à l'infini, & où ils peignent au naturel un grand
nombre d'objets : on y voit, diſent les Miſ-
ſionnaires de la Chine , des vaiſſeaux avec
leurs voiles & leurs agrêts voguant ſur une
mer de feu : quelquefois on y deſſine des
arbres entiers, couverts de feuilles & de
fruits , ou une vigne chargée de raiſins, qui
ſe conſume lentement : on y diſtingue nette-
ment le ſep , les branches, les feuilles & les
raiſins : tout y eſt repréſenté non-ſeulement
par les figures , mais même par les couleurs ,
& l'illuſion eſt ſi grande qu'elle paroît la même
pour le peuple & pour le décorateur.

F iij

d'un nouveau Mandarin ayant raffem-
blé un million d'hommes dans une ville
de Province, le hazard rendit deftructeurs jufqu'à ces feux d'artifice. Une partie de l'amphithéatre fur lequel la Cour
du Gouverneur étoit affife, ayant tout-
à-coup menacé de s'écrouler, le peuple
qui l'environnoit fe fauva en tumulte,
l'effroi fe communiqua aux artificiers
qui mirent le feu à la charpente de leur
édifice; enfin des Européens qui avoient
amené leurs voitures à roues à ce fpectacle, craignant d'être enveloppés dans
le défaftre, firent reculer leurs chevaux
fur des Chinois qu'ils écraferent. Dans
cette allarme univerfelle la vigilance
du Mandarin fut inutile, la multitude
preffée entre un amphithéatre dont les
colonnes alloient fe renverfer, un édifice dévoré par les flammes, & des
chevaux qui tuoient & mutiloient tout
ce qui étoit autour d'eux, ne penfa qu'à

se resserrer encore plus vers le centre de la place : le mal fut alors à son comble , & quand la terreur panique se dissipant, permit au peuple de défiler , on vit avec horreur dix ouvriers brûlés avec le magasin de l'artifice , trente hommes écrasés sous les roues des voitures, & près de cent étouffés par la crainte des flammes ou des chevaux.

Ce désastre fut annoncé dès le lendemain avec toutes ses circonstances dans la Gazette de l'Empire ; le Souverain assembla les principaux Mandarins, & de leur avis, rendit une Ordonnance dont voici les principaux articles.

1°. Tout Mandarin que j'ai établi pour gouverner les peuples de mes Provinces, répondra des désastres qui arriveront dans les spectacles de sa capitale. Si sa négligence cause un grand désastre, il sera puni de mort; s'il est innocent, il sera cassé encore comme un

Miniftre malheureux & que le Ciel a
rejetté.

2°. Tout Architeéte qui fe chargera
de conftruire un amphithéatre pour un
fpeétacle, répondra de fa folidité fur fa
tête.

3°. Tout homme, foit fujet, foit
étranger, qui amenera des voitures à
roues ou des chevaux, dans une place
où le peuple fera affemblé pour un fpectacle, fera condamné à trois ans de prifon; & s'il tue un homme, on lui tran-
chera la tête (1).

4°. Afin de donner à nos peuples

---

(1) On étrangle auffi à la Chine, mais ce
fupplice n'y paffe pas pour affez infamant;
il n'en eft pas de même de celui d'avoir la
tête tranchée. On penfe dans prefque toute
l'Afie, que le dernier des opprobres eft de
ne pas conferver en mourant fon corps auffi
entier qu'on l'a reçu de la nature.

une preuve toujours subsistante de ma douleur pour tant de sang que des fêtes frivoles ont fait verser, je défens qu'à l'avenir, sous quelque prétexte que ce soit, il y ait des feux d'artifice dans la ville où le dernier désastre est arrivé ; je défends même qu'on y célebre la fête des lanternes (1). Je veux consigner

---

(1) Cette fête la plus célebre de la Chine, tire son nom de la multitude de lanternes dont la ville est illuminée. Quelques-unes, dit le P. le Comte, *Tom. I. p.* 275, coûtent jusqu'à deux mille écus : il y a tel Seigneur qui est avare toute l'année, pour être ce jour-là magnifique en lanternes : on en voit qui ont vingt-cinq à trente pieds de diametre, & trois ou quatre d'entre elles, feroient des appartemens raisonnables ; ainsi l'on peut manger, coucher, & danser des ballets dans ces lanternes.

Il y en a d'autres qui servent à donner des spectacles au peuple : on y représente des

à la derniere poftérité avec le fouvenir du malheur, celui des précautions que j'ai prifes pour le prévenir.

5°. Tous les malheureux que cet événement funefte a privés d'un pere, d'une époufe, ou d'un fils, feront dédommagés, autant qu'il fera poffible, par le Gouverneur de la Province, & mon tréfor Impérial fuppléera à la médiocrité de celui du Mandarin.

Dans toute l'étendue de l'Empire on applaudit à la fageffe qui avoit diété cette Ordonnance. Les Européens murmurerent d'abord, mais on n'eut pas de

---

cavalcades, des vaiffeaux à la voile, des armées en marche, & des Rois avec leur cortege : quelques-unes portent un dragon illuminé de foixante ou quatre-vingts pieds de long, qui s'agite & fe replie comme un ferpent. Tous ces fpeétacles fe varient à l'infini, & ne coutent au peuple ni fon fang ni même fon argent.

peine enfuite à leur perfuader que le
Souverain étoit jufte fans être cruel ;
qu'il ne falloit pas immoler la tranquillité des Sujets à la vanité des Etrangers;
& qu'un citoyen étoit toujours plus utile
à l'Etat que des chars & des feux d'artifice.

Plus j'étudie le Gouvernement Chinois, plus je fuis frappé de la fimplicité
de cette machine politique , & de la
facilité avec laquelle le Souverain en
fait mouvoir tous les rouages; la police
fur-tout s'obferve dans ce vafte Empire,
où il y a deux cens millions d'habitans,
avec moins d'embarras encore que dans
ces déferts de l'Afrique qu'on ne parcourt qu'en caravanne , & où il y a
neuf mois de l'année plus de tigres &
de pantheres que d'hommes.

Les Hiftoriens les moins fufpects
comptent cinq millions d'ames feule-

ment dans Pekin (1), & on ne peut fe
figurer les défordres que cauferoit dans
les rues cette foule immenfe, fi la loi
ne veilloit fans ceffe à la fûreté du peuple, & le Prince au maintien de la loi. Les
voyageurs font tous des tableaux finguliers du mal néceffaire & du remede;
d'abord on voit entrer tous les jours un
nombre prodigieux de payfans pour le
commerce des denrées, & cette affluen-
ce multiplie les chariots, les bêtes de
charge, les chameaux & leurs conduc-

---

(1) Le calcul de Pinto eft bien plus extraordinaire : auffi ce voyageur romancier
donnoit-il à la ville Impériale trente lieues
de circonférence & trois cens foixante portes. *Voy. Voyages avantureux de Fernand
Mendez Pinto, pag.* 493. Pinto avoit voulu
renchérir fur la Thebes aux cent portes,
mais le conte d'Hérodote n'a pas rendu celui
du Portugais vraifemblable.

teurs Le moindre charlatan a toujours
auprès de lui trois ou quatre cens spectateurs qui viennent partager son oisi-
veté. De plus les artisans dans la Chine
ne font point dans l'usage de travailler
chez eux, ils courent sans cesse avec les
instrumens de leur art, pour chercher
à s'occuper ; les barbiers se promenent
dans les rues un fauteuil sur leurs épaules & un bassin à la main ; le menuisier
se charge de ses outils, & le forgeron
porte jusqu'à son enclume & ses four-
neaux. Enfin l'étiquette veut que les
personnes riches ne sortent qu'avec un
nombreux cortege de domestiques ; les
Mandarins avec les Officiers qui com-
posent leurs tribunaux, & les Princes
du Sang avec une escorte de cavalerie
(1). Malgré tant de motifs pour être

(1) Observez que chaque Prince est obligé tous les matins de se rendre au Palais Im-

voitures à roues (1) ; & quand quelques Mandarins ont adopté ce luxe des Européens, on les a forcés de se faire précéder d'un cavalier qui écartât la foule, & prévînt les affassinats; de plus les mœurs plus fortes que les loix, ont établi une sorte d'infamie à sortir pendant la nuit : ainsi bien loin de trouver alors dans la vaste solitude de la capitale des chars & des chevaux, on n'y rencontre pas même des hommes.

Si l'immense population de la Chine n'y cause aucun désordre; si les voitures n'y sont pas meurtrieres, & si le luxe n'y est pas destructeur, je l'attribue particuliérement au caractere de son peuple, à son humanité naturelle, & à ses mœurs douces qui ont prévenu les institutions des législateurs.

---

(1) Mélanges de Surgy, *Tom. IV. p. 178.*

Le

Le Chinois est né grave, & le fleg-
me de son esprit a passé dans sa démar-
che; il parle, écrit & voyage avec
poids & mesure : il est aussi difficile de
lui voir des voitures rapides que de l'entendre parler par épigrammes.

La décence publique empêche les
femmes Chinoises non-seulement de paroître en voiture dans les rues, mais
même de s'y montrer. Il n'en est pas
ainsi dans nos capitales de l'Europe, où
les femmes entraînées impétueusement
vers ce qu'elles appellent le plaisir, vou-
droient anéantir l'espace qui les en sé-
pare, & ordonnent à leurs cochers de
crever leurs chevaux, dussent-ils en
même temps écraser beaucoup d'hommes.

Je ne sçai si la philosophie de Confucius, en ramenant la Chine presqu'à
l'égalité naturelle, n'a pas contribué
encore à y rendre sacré le sang des

G

hommes : *Prince*, difoit à l'Empereut ce fage fi juftement célebre , *qu'importe à vos Etats le fafte de vos courtifans? Un feigneur qui n'a d'autres titres que fa naif-fance eft un fardeau pour la patrie : quand le corps de la Nobleffe ne fournit pas de grands hommes à l'Etat , il faut prendre les grands hommes qui fe trouvent parmi le peuple , & en former le corps de la No-bleffe.*

Rien ne contribue plus à retenir dans le devoir les riches qui feroient tentés d'abufer de leur opulence , rien n'eft plus propre à prévenir les grands cri-mes & les grands défaftres, que l'établif-fement de la Gazette Impériale de Pé-kin. On y lit les noms des Mandarins deftitués , & les motifs de leur difgrace; on y rapporte les fentences des Tribu-naux; les calamités des Provinces, avec la maniere dont les Gouverneurs les ont réparées ; l'extrait des dépenfes ex-

traordinaires du Souverain, & les ter-
mes mêmes des remontrances les plus
hardies que les Tribunaux fupérieurs
lui ont adreffées (1). La vérité dans cet
Empire fingulier, femble ne bleffer perfonne, pas même le defpote.

Voilà une partie des motifs qui ont
engagé quelques politiques à regarder
la Chine comme le chef-d'œuvre des
Gouvernemens. Cependant il ne faudroit pas juger cet Empire par l'enthou-
fiafme de fes admirateurs ; malgré Fré-
ret, les Jéfuites & les Philofophes, il eft
certain que nous fommes encore affez
peu inftruits de fes mœurs, de fes ufages & de fes loix : la Chine eft un peu
pour nous ce dieu inconnu auquel Athènes érigeoit des autels.

---

(1) Voyez ce qu'en dit le P. Contançin,
Lettr. édifiant. Tom. XIX. p. 265.

G ij

PARAGRAPHE XIII.

COUP D'ŒIL SUR L'UNIVERS.

CE que je dis de Rome, de la Grece, & de la Chine, doit s'entendre encore d'une foule de peuples de l'antiquité éclairés quelque tems par les Arts, mais qui ont acquis moins de droit à la célébrité : au refte parcourez fans préjugé les annales de l'Univers, vous verrez que fur la moitié du globe on ne s'eft jamais promené qu'à pied, dans la plus grande partie du refte on fe fait porter par des efclaves. Il n'y a qu'un dixieme de la terre, où de tems immémorial on fe fait traîner par des chevaux ; encore les Anciens prenoient-ils de fages précautions, foit contre ces animaux dangereux, foit contre leurs maîtres ; ainfi les machines meurtrieres qu'on appelle

des caroffes, font proprement une découverte des Modernes: elles font du
rems où on a inventé la poudre, & où
on a découvert le germe des maladies
vénériennes.

PARAGRAPHE XIV.

OBJECTION D'UN HOMME DE BIEN QUI AVOIT UN CAROSSE.

JE lifois un jour cette lettre dans un cercle ; un homme de bien, mais qui avoit un caroffe, m'interrompit ici. « Je » vois, dit-il, où nous conduit le fil de » vos raifonnemens, vous voulez anéan- » tir nos équipages ; mais c'eft un rêve » digne de l'Abbé de Saint-Pierre, & » qu'il faut mettre au rang de fa Diete » Européenne : croyez-moi, mon cher » Brutus, la politique du monde n'eft » pas celle du cabinet ; la grande ma- » chine des Etats ne roule pas fur le » pivot de la morale ; & quelque utile » que foit la philofophie aux individus, » l'efpece humaine ne fe gouverne pas » par des paragraphes. Au refte, il n'y » a plus qu'un Sophifte qui fe permette

» de fe déchaîner contre nos brillantes
» fuperfluités ; c'eft un axiome reçu en
» politique, que le luxe qui perd un
» petit Etat, enrichit un grand Empire:
» eh pourquoi détruire d'un coup de
« baguette l'enchantement où nous vi-
» vons ? Les François font fi bien tels
» qu'ils font , pourquoi en faire des
» Spartiates » ?

G iv

PARAGRAPHE XV.

POURQUOI IL NE FAUT PAS FAIRE DU PARISIEN UN SPARTIATE.

MONSIEUR le riche, permettez moi de répondre par des raisons à vos épigrammes.

Je ne prétends point métamorphoser les Parisiens en Spartiates : mais c'est par des motifs bien différens des vôtres. Les institutions de Licurgue ont été trop admirées par les Philosophes : elles formoient des hommes extraordinaires ; mais un homme extraordinaire est rarement l'homme de la nature.

La police peut très-bien être observée dans une ville, sans que le Législateur défende aux habitans de mettre des serrures à leurs portes (1) ; sans

---

(1) Plutarch. *Vit. Lycurg.*

qu'il puniffe un citoyen d'avoir trop d'embonpoint (1) ; fans qu'il interdife à tout pere de famille de fe retirer le foir avec des lanternes (2).

On peut être un très-bon citoyen , & fe faire rafer de tems en tems (3) , & manger d'autres ragoûts que la fauffe noire (4) , & aller quelquefois au théatre de la Nation admirer les chefs-d'œuvre dramatiques des Sophocle & des Euripide (5).

On peut établir de bonnes loix dans un Etat , fans violer les mœurs publiques , fans faire danfer aux yeux d'une Nation les jeunes perfonnes des deux

---

(1) Ælian. *var.* **Hift.** *Lib.* **XIV.**
(2) Plutarch. *Vit. Lycurg.*
(3) Meurf. Mifcellan. Lacon. *Lib.* **I.**
(4) Cicer. Tufculan. *Lib.* **V.**
(5) Plutarch. *Inflit. Lacon.*

fexes toutes nues (1), fans obliger un citoyen à prêter fa femme à fes amis (2).

Enfin un Souverain peut former des héros fans les empêcher d'être hommes: il n'eft pas néceffaire qu'il rende des Ordonnances pour engager les maîtres à fe jouer de la vie de leurs efclaves (3), pour faire déchirer tous les ans à

---

(1) Ariftot. *de Republ. Lib. II.*

(2) Xenoph. *de Republ. Lacon.*

(1) Les Ilotes étoient pour les Spartiates ce que font pour les Européens les negres des fucreries: quelquefois on les enyvroit pour apprendre aux citoyens à être fobres: leurs maîtres toutes les années les fouet-toient jufqu'au fang, dans la vûe feulement de les empêcher d'oublier qu'ils étoient ef-claves: fi quelqu'un d'entre ces malheureux fe faifoit diftinguer par la vigueur de fon corps ou par la beauté de fa taille, on le met-

coups de verges fur un autel la jeuneffe des deux fexes (1), pour condamner tous les enfans d'une foible
conftitution à être précipités dans une
fondriere du mont Taygete (2).

---

toit à mort fans autre forme de procès, pour
le punir d'avoir eu quelque chofe de commun avec un Spartiate. *Plutarch. Vit. Lycurg. Athen. Lib. VI. &c.*

(1) *Paufanias, Lib. III.* Toute la famille
des victimes affiftoit à ce fupplice, & perfonne n'étoit affez lâche pour s'attendrir : il
eft vrai que Lycurgue avoit pris de bonnes
mefures pour affoiblir dans fa république la
tendreffe paternelle : un citoyen qui prête fa
femme à tout le monde, eft-il cenfé avoir
des enfans ?

(2) Il eft probable cependant que la famille des Rois n'étoit pas foumife à cette loi
abfurde & barbare : Agéfilas, plus connu par
le pinceau de Plutarque que par la plume de
Corneille, étoit petit, boiteux & cacochy-
me ; ce qui ne l'empêcha pas de vaincre la

Lycurgue ne vouloit inftituer qu'un corps de guerriers, & toute fa politique roule en effet fur cet unique pivot ; il fut conféquent fans doute, mais fon code n'en eft pas moins atroce. Qu'importe au genre humain que fes Légiflateurs fçachent faire des fyllogifmes ? Eft-ce à des fophiftes à gouverner les hommes? Lycurgue devoir moins s'appliquer à agir conféquemment à fes principes, qu'à voir fi fes principes s'accordoient avec la morale éternelle ; il ne devoit pas faire des loix pour former des fol-dats, mais voir d'abord fi l'état de fol-

---

Perfe, de fe rendre maître de Corynthe, & de devenir l'arbitre de la Grece. Ce trait frappant ne caufa aucune révolution dans les loix de Lycurgue, & les Spartiates conti-nuerent à être parricides, malgré l'exemple d'Agéfilas, les reproches de la terre, & les cris de la nature.

dat n'eſt pas un état contre nature.

D'un autre côté ce n'eſt point aux ſybarites de nos villes à faire des ſatyres contre l'ame vigoureuſe de Lycurgue: le genre humain doit toujours ſçavoir gré à ce Légiſlateur d'avoir éloigné de ſa République le poiſon lent du luxe, d'avoir donné un caractere à ſes concitoyens; & malgré la pente qui l'entraînoit à la férocité, d'avoir banni de Sparte ces chars meurtriers que le riche n'achete qu'au prix du ſang des hommes.

Je ne dirai donc point à un peuple moderne : prenez les inſtitutions des Spartiates ; mais plutôt, prenez leur ame, & quand vous l'aurez, vous corrigerez vos inſtitutions.

PARAGRAPHE XVI.

PENSÉES SUR LE LUXE.

IL s'agiſſoit de répondre ſur le luxe à mon homme de bien *qui avoit un caroſſe*, & quelques jours après je lui envoyai un manuſcrit où j'avois jetté ces penſées.

I.

ON a dit à quelques *hommes d'état*, que le luxe ne devoit pas ſe définir ; que c'étoit un être métaphyſique qui étoit par-tout, ou nulle part. Je dirai à quelques *hommes de bien*, que le luxe eſt le défaut d'équilibre entre les richeſ-ſes & les beſoins, qu'il n'eſt pas plus un être métaphyſique que la peſte & la cangrene, & qu'il n'exiſte gueres dans un empire que quand il eſt ſur le point de ſe diſſoudre.

I I.

COMMENT le luxe peut-il faire la grandeur d'un Etat ? Il appauvrit tout le monde en étendant le cercle des befoins ; de plus il fubftitue à l'union naturelle des citoyens une union de fantaifie , il rend oifif & faît qu'on ne voit que foi dans un Etat. Trois grands crimes contre la fociété.

I I I.

LE luxe affoiblit l'efprit national , & affaiffe l'ame de ceux qui devroient devenir de grands hommes : de-là l'efprit prend la place du génie & la froide décence celle de la vertu.

I V.

ON prétend que le luxe adoucit les mœurs : cependant un luxe effréné

regne au Japon , & les mœurs y font
toujours atroces. Dans d'autres Etats il
prévient les crimes qui tiennent à la
barbarie , mais il flétrit le germe de
grandes vertus : là vous ne verrez ni
Saint-Barthelemi , ni Vêpres Sicilien-
nes ; mais aussi vous n'y trouverez point
les ames sublimes des Caton & des
Sulli.

V.

Un grand tort que le luxe fait à la
société , c'est qu'il apprend à ne juger
de ses membres que par la consomma-
tion qu'ils produisent dans l'Etat : suivant ce calcul absurde , une actrice de
l'Opéra , qui dépense tous les ans trente
mille francs , est plus précieuse à l'Etat
que vingt-neuf citoyens honnêtes qui
gagnent chacun cent pistoles à défendre la patrie ou à éclairer l'Europe.

V I.

VI.

IL y auroit à faire sur le luxe un calcul bien plus utile au genre humain : il
est beau sans doute, qu'une femme chargée de diamans, nonchalamment étendue dans un cabinet orné de glaces,
s'enyvre de l'encens des hommes oisifs
qui la persiflent : mais combien de sang
humain a fait répandre cet instant de
jouissance ? cet édifice superbe a peut-
être coûté la vie à vingt ouvriers : les
diamans qui forment ces girandoles,
ne sont venus de Golconde qu'avec dix
vaisseaux qui ont fait naufrage ; le seul
mercure qui tapisse le derriere de ces
trumeaux, a fait périr vingt esclaves
dans les mines, ou les a rendus paraly-
tiques à la fleur de leur âge..... Voilà
la vraie maniere de juger le luxe, & non
par la pompe stérile qui le décore : mais
les hommes voudront toujours voir le

H

fpectacle du parterre, & non du côté des machines.

V I I.

LE Financier dit : le luxe eft bon parce qu'il fait vivre les pauvres ; le Philofophe répond : qu'on ôte le luxe, & il n'y aura plus de pauvres.

V I I I.

LE luxe eft peut-être le plus grand fléau de la population ; il rend ftérile cette foule de laquais qui fervent non au befoin, mais à la repréfentation : il tue les générations futures dans les maîtres qui cherchent non à fe marier, mais à jouir, & qui meurent dans une vieilleffe prématurée, avant d'avoir payé le tribut que chacun doit à la fociété.

I X.

LE luxe fait pendant quelque tems la

pompe d'un Etat ; mais c'est un feu qui ne brille qu'aux dépens de la substance qu'il dévore : je comparerois volontiers le luxe à cet anacarde des Orientaux, qui donne de l'esprit un moment à ceux qui s'en nourrissent, mais pour les rendre stupides tout le reste de la vie.

X.

S'ENSUIT-IL que dans tout bon Gouvernement, il faut ramener les hommes à l'égalité primitive ? Non, quand même la République de Platon seroit possible, les biens qu'elle feroit naître seroient trop achetés par les maux de la révolution. Il ne s'agit point ici de donner des secousses violentes à un Etat pour réformer un abus, & de desirer un tremblement de terre pour renverser une cabanne. Législateurs, ne détruisez point entiérement le luxe, mais sçachez le diriger : faites qu'un citoyen opulent

aime mieux conſtruire un édifice public , qu'une petite maiſon ; qu'il ait
moins de valets , & plus de fermiers ;
que ſes bœufs tracent des ſillons dans
les terres , & qu'à Paris ſes chevaux n'é-
craſent pas les hommes.

PARAGRAPHE XVII.

DES VOITURES PACIFIQUES.

IL faut en venir enfin à l'article qui offenfe le plus notre homme de bien *qui a un caroffe.* Un Seigneur qui a un habit brodé, un gros diamant à fon jabot & des talons rouges, doit-il aller à pied ? Une femme de qualité avec fon rouge, fon pannier, & fa gorge à demi-nue, doit-elle traverfer les rues de Paris de la même façon que fon laquais & fa marchande de modes ? ou enfin eft-il vrai qu'un caroffe n'eft pas plus effentiel à la machine politique, que ces quarante Fermiers Généraux, que le cardinal de Fleury appelloit les quarante colonnes de la Monarchie ?

Qu'on me permette d'expofer quelques réflexions que le peuple pourra goûter, & qui peut-être n'effarouche-

H iij

ront pas les gens du monde contre les Philofophes.

Puifque dans une grande ville il eft indécent qu'un honnête homme aille à pied, ne pourroit-on pas ménager à la fois les jambes de cet honnête homme & le fang du peuple? Il fuffiroit pour cela de changer fa voiture, & de fubftituer des bâtons à des roues, & des hommes à des chevaux.

L'efpece de voiture que les fçavans nomment une litiere, eft connue dans la plus haute antiquité. Les Macédoniens s'en fervoient auffi bien que les Parthes, & c'eft par eux qu'elle fut connue des Syriens & des peuples de la Bythinie & de la Cappadoce (1); on la trouve en ufage chez les riches négocians de Tyr, chez les fatrapes d'Ecba-

---

(1) Pitifcus, Lexicon antiquitatum Romanarum. Artic. *Lectica*.

tane, & fur-tout chez les feigneurs de
Babylone (1). La Grece l'emprunta probablement de la Perfe, & fûrement l'Italie l'emprunta de la Grece. La litiere à
Rome, forma long-tems l'unique équipage des Sénateurs, des Pontifes & des
Magiſtrats (2). On alloit en litiere à la
campagne, au Capitole, & au champ
de Mars, & Cicéron fe promenoit eu
litiere quand Popilius vint l'aſſaſſiner.

Il n'y a pas loin de l'ancienne Rome
à la moderne Venife, puifque les Républicains foumis aux Doges, fe croyent
iſſus des Républicains foumis aux Con-

---

(1) Herod. *Lib. I. n°* 199.
(2) La litiere avoit ordinairement quatre
porteurs : quand elle en avoit fix, on la nommoit *hexaphorum* ; & quand on en mettoit
huit, *oſlophorum.* Les leʤicaires formoient
un corps particulier, & fe tenoient tous dans
un feul quartier de Rome ; fous Théodofe
on en comptoit onze mille à Conſtantinople.

H iv

fuls : or les Vénitiens femblent avoir hérité de l'humanité Romaine par rapport à leurs voitures : ils ne fe fervent jamais de chevaux, & comme les litieres feroient impraticables dans cette ville finguliere dont toutes les rues font entrecoupées de canaux, & qui ne femble habitée que par des amphybies, ils leur ont fubftitué des gondoles qui ne font pas moins rapides que nos caroffes, fans être auffi bruyantes & auffi meurtrieres.

Le Balon de Siam paroît une efpece de gondole : c'eft une barque qui n'a d'ordinaire que fix pieds de large & fouvent cent vingt de long, au centre de laquelle s'éleve une eftrade furmontée d'une Impériale, verniffée avec élégance : ce balon eft quelquefois garni de cent hommes d'équipage, qui manœuvrent en cadence ; lorfque c'eft une dame de qualité qui le monte, des fem-

mes à demi nues occupent les bancs
des rameurs (1), ce qui ramene en
partie dans l'Inde le spectacle de cette
célebre Thalamegue où Cléopatre cou-
chée sur un lit d'or, & n'ayant pour
équipage que des filles déguisées en
amours, vint subjuguer le cœur d'Antoine, afin de donner des loix à la moitié de l'Univers (2).

Cléopatre m'amene en Egypte : on

---

(1) Voyez l'ouvrage de la Loubere inti-
tulé *du Royaume de Siam*, Tom. I.

(1) Notre goût petit & énervé a peine à
concevoir la magnificence de cette fameuse
galere dont les voiles étoient de pourpre,
les rames d'argent, & la pouppe couverte de brocards d'or : Cléopatre y pa-
roissoit représentant Venus endormie ; elle
se réveilla bientôt pour captiver Antoine, &
le Triumvir s'endormit à son tour dans ses
bras ; foiblesse qui valut à Auguste l'Empire
du Monde.

doit à une superstition de ses habitans le peu d'usage qu'on y fait des chevaux ; une ancienne prédiction d'une sybille Musulmane porte que le Caire sera pris un jour par une femme à cheval ; depuis ce tems-là on fait un crime d'Etat à l'Egyptienne la plus qualifiée d'avoir d'autre monture que celle des ânes (1), la tranquillité publique gagne à ce préjugé, sans que la mollesse des femmes y perde rien.

En parcourant l'Orient, je retrouve chez le peuple le plus policé de l'Asie les usages de Tyr, de Babylone & de Rome : les Mandarins & les femmes de distinction qui ne vont pas à pied à la Chine, ne se servent que de litieres (2).

---

(1) Voyage de Tournefort, *Tom. I.*

(2.) Gemelli Carreri, historien véridique, quoique voyageur, parle ainsi de ces litieres. « Les chaises des Chinois sont fort légeres ;

Les voitures à roues font à peine tolé-
rées dans cet Empire, à caufe de l'immenfe population de fes villes, où ces
machines meurtrieres cauferoient les
plus grands défaftres. Le luxe le plus

» elles font faites de cannes de bambou, ainfi
» que les bâtons qui fervent à les porter. Il
» eft difficile de croire avec quelle viteffe
» ces porteurs alloient fans fe repofer que
» trois fois dans une journée de trente milles.
» Ils faifoient au moins cinq milles par jour,
» toujours au trot. Ils ne fe fervent pas néan-
» moins de bricoles, mais d'un morceau de
» bois qui leur entoure le cou, & qui porte
» fur les deux épaules. Ce chemin étoit
» comme une foire continuelle à caufe du
» grand nombre de marchandifes que l'on
» tranfportoit : les hommes font comme
» des bêtes de charge, & je puis dire que
» dans cette journée j'en rencontrai plus de
» trente mille ». *Voyez Mélanges de Surgy*,
Tom. IV. p. 178. Obfervez que ces trente
mille bêtes de charge ne tuoient perfonne.

violent regne cependant à la Chine, mais il y fait peu de mal, parce qu'il n'eſt jamais ſi fort que la loi.

Le Norimon du Japon eſt encore une eſpece de litiere : c'eſt une longue boëte fermée de toute part par un treillis de bambou proprement verniſſé : les loix ont réglé le nombre des porteurs, la façon de tenir le norimon, & juſqu'à la longueur des bâtons qui le ſoutiennent; le tout ſuivant la qualité des perſonnes qui y ſont renfermées (1). Il eſt vrai que ce réglement ne concerne pas les femmes : car au Japon comme en Europe on regarde toute déférence pour le ſexe comme une choſe ſans conſéquence.

En général dans preſque toutes les Indes, on ne ſe ſert d'autres voitures

(1) Voyage au Japon de Kaempfer. *Liv. IV.*

que de Palanquins : forte de litiere tantôt
couverte, tantôt découverte, & por-
tée par quatre ou huit hommes ; le luxe
confifte alors à être environné d'un
nombreux cortége d'efclaves, dont l'un
porte un éventail, un autre un parafol,
un troifieme les pantoufles de fa maî-
trefle, &c. ce qui repréfente affez bien
les laquais de nos Européennes, dont
l'un porte le fac à ouvrage d'une femme
qui ne fait point d'ouvrages ; un autre
tient la queue d'une bourgeoife qui ne
peut avoir de queue, &c.

L'ufage indécent, mais peu funefte
de faire fervir les hommes de bêtes de
charge avoit pénétré jufques dans le
Nouveau Monde avant l'invafion des
Européens : la taille haute & dégagée
des Américains & leur vigueur, tant
que nous leur avons été inconnus, firent
naître fans doute l'idée de ce luxe : on

a obfervé cependant que ces hommes finguliers étoient plus propres à faire des tours de force, qu'à fupporter des travaux ferviles qui tendroient à les épuifer; leurs defpotes devoient les confidérer comme des animaux de proie plutôt que comme des bêtes de fomme....
Je me trompe; avant Pizarre & Cortez il n'y avoit point d'animaux de proie au Nouveau Monde.

Au centre de l'Afrique, on ne connoît aucune efpece de voiture, les Negres de diftinction vont fe faire vifite efcortés de trois efclaves, dont l'un porte un fiege, le fecond un fabre, & le dernier un parafol. Les Rois eux-mêmes difent aux Européens, que la nature ne leur a donné des jambes que pour en faire ufage, & ils ne fe font point fcrupule d'aller en perfonne au marché faire emplette de tabac ou de

vin de palmier (1). C'eſt peut-être parce que les Negres raiſonnent ſi mal, que
les Logiciens de l'Europe ſe ſont réunis
pour les faire eſclaves.

Les peuples éclairés qui n'ont point
attelé les hommes à leurs voitures, les
ont fait traîner du moins par des animaux pacifiques: tels ſont les ânes de
l'Egypte, tel eſt ſur-tout le chameau
de l'Arabie heureuſe, quadrupede qui
tient lieu à quelques peuples d'Aſie de
tous les animaux domeſtiques de l'Europe (1).

---

(1) Voyez le nouveau Voyage de Gui-
née, de Smith. p. 187.

(1) « L'or & la ſoie, dit le Pline moder-
» ne, ne ſont point les vraies richeſſes de
» l'Orient : c'eſt le chameau qui eſt le tréſor
» de l'Aſie. Il vaut mieux que l'éléphant, car
» il travaille preſque autant & dépenſe vingt
» fois moins : ... Il vaut autant que le cheval,
» l'âne & le bœuf réunis enſemble, il porte

L'Arabie est pleine de déserts im-
menses, où la nature est flétrie, où l'œil
se perd sans pouvoir s'arrêter sur aucun
être vivant, & que le voyageur trem-
blant ne peut parcourir qu'à l'aide du
compas & de la boussole. L'Arabe in-
trépide monte sur son chameau, fait

» seul autant que deux mulets, il mange aussi
» peu que l'âne, & se nourrit d'herbes aussi
» grossieres : la femelle fournit du lait plus
» long-tems que la vache : la chair des jeu-
» nes chameaux est saine comme celle du
» veau, leur poil est plus recherché que la
» plus belle laine. ... Le sel ammoniac se fait
» de leur urine. ... On fait des mottes de leur
» fiente, qui brûlent aisément, & font une
» flamme claire, ce qui est d'un grand se-
» cours dans ces déserts, où l'on ne trouve
» pas un arbre, & où par le défaut de ma-
» tieres combustibles, le feu est aussi rare
» que l'eau ». *Hist. nat. Edition in-12. Tom.*
XXII. p. 325.

trois

trois cens lieues en huit jours (1), va
piller les caravannes, charge fon butin
fur fa voiture vivante, & revient jouir
auprès de fa famille du fruit de fon bri-
gandage & de fon indépendance.

Après le chameau qui eft le plus utile
des quadrupedes, & l'âne qui n'eft dé-
daigné que par ceux qui ne font pas
Philofophes, l'animal le plus pacifique
& le plus fait pour ménager les jambes
des hommes eft le bœuf; auffi fous
nos premiers Rois, il formoit l'unique
attelage connu dans la Nation.

> .... Au printems quand Flore dans nos
> plaines,
> Faifoit taire des vents les bruyantes ha-
> leines,
> Quatre bœufs attelés, d'un pas tranquille
> & lent,
> Promenoient dans Paris le Monarque in-
> dolent (2).

---

(1) Relat. de Thevenot, *Tom. I. p. 312.*
(2) Boileau. *Lutrin, ch. 2.*

I

Boileau ne fait ici que copier l'historien Eginard (1) : mais fi le poëte suppofoit que l'ufage d'un char attelé de bœufs eft une preuve de molleffe, il raifonneroit avec abfurdité : s'il accufoit de ce prétendu crime le Roi plutôt que la Nation, il manqueroit à la vérité : enfin s'il en faifoit un reproche aux mânes de ces Monarques, il blefferoit étrangement l'humanité.

Ces chars dont nous parlons étoient connus fous le nom de *baflernes*, & nos ayeux les avoient probablement empruntés des Romains (2) qui les te-

---

(1) Les paroles de cet Ecrivain font remarquables : *Quocumque eundum erat, carpento ibat, quod bobus junctis & bubulco ruftico more agente trahebatur.* Ainfi c'étoit un bouvier qui fervoit à nos Rois de poftillon.

(1) Symmaque, Préfet de Rome, écrivoit aux enfans de Nicomaque : *Fratrem ref-*

noient des Cimmériens long-tems habitans des rives du Bosphore (1). Cependant cette espece de luxe étant devenu trop commun, Philippe le Bel fit
pour le limiter une loi somptuaire, & il
défendit expressément à toute bour-
geoise d'avoir des basternes ; elles se
font depuis consolées de cette défense
en adoptant l'usage des carosses.

Nos basternes aujourd'hui sont con-
finées dans le fond des campagnes ; car
l'on voit autour de la capitale jusqu'à la

---

trum continuò ad vos opto dimittere, cui bas-
ternarios mox præbere dignemini. Symm.
Epist. 15.

(1) Lucien dans ses dialogues, prouve
que le scythe Toxaris étoit d'une bonne maison, parce que son pere avoit le moyen
d'entretenir une basterne ; cette preuve ne
paroîtroit point concluante à nos Généalo-
gistes.

femme d'un riche fermier, rougir de se
servir de la voiture de nos premiers
Rois : pour la litiere des Romains ou le
palanquin de l'Inde ou le norimon du
Japon, elle subsiste encore même dans
nos villes sous le nom de chaise à porteurs ; dans plusieurs de nos capitales,
telles que celle de Bretagne , les
Gentilshommes, les Magistrats, & les
Dames de la plus grande qualité s'en servent même dans les visites de cérémo-
nie : à Paris où l'on aime les voitures
bruyantes, plutôt que les voitures utiles,
la chaise à porteurs n'est gueres connue que de ces citoyens honnêtes &
décents, que le luxe dédaigneux croit
flétrir en leur donnant le nom de *provinciaux.*

Je ne sçai si je me trompe, mais la
chaise à porteurs me semble la voiture
par excellence : un carosse exige l'en-

tretien de trois chevaux, d'un cocher, & de plusieurs laquais; il ne faut pour la chaise que deux porteurs qui peuvent encore faire à l'hôtel la fonction de laquais. ... Motif d'économie.

Les carosses de Paris ne sortent point dans les tems de forte gelée, parce qu'on craint pour les jambes des chevaux; ils restent aussi dans la remise après une pluie considérable ou dans la saison des dégels, parce que la fange formée par des eaux malsaines fait contracter aux chevaux des javares : pour les porteurs, ils marchent en tout tems; ainsi une femme ne se trouve jamais à pied .... Motif d'utilité.

Enfin une chaise à porteurs ne peut causer de désastre, elle n'écrase, ni ne mutile personne : elle ne force point l'honnête indigent à maudire le luxe effréné des hommes qui ne le valent pas .... Motif d'humanité qui dans un siecle de lumiere & de raison doit suffire pour déterminer le citoyen généreux qui aura le courage de commencer la réforme.

PARAGRAPHE XVIII.

DES VOITURES MEURTRIERES.

C'EST déja un grand préjugé pour les voitures portées par des hommes, que l'impoſſibilité de pouvoir en abuſer : il n'en eſt pas de même de celles où on attelle des bêtes ; parce que l'empire de l'homme ſur les animaux n'eſt jamais abſolu ; parce que notre induſtrie n'eſt pas toujours en proportion avec leur force, & que le fouet d'un cocher n'a pas tant de pouvoir ſur les chevaux qu'il dirige, que l'intelligence de l'homme ſur les êtres qui la partagent.

Les Eléphans nés libres, & dont l'induſtrie humaine eſt obligée de conquérir tous les individus, peuvent devenir dangereux au peuple & même à leurs conducteurs. Il y en a dans l'Inde qu'on

I iv

éleve pour la guerre, & d'autres qu'on exerce à fouler aux pieds les criminels ; je ne conseillerois pas à un Nabab de choisir ces éléphants soldats ou ces éléphants bourreaux, pour faire voyager son serrail (1).

D'anciens héros, ont osé atteler à leurs chars de triomphe des tigres, des pantheres & des rhinocéros : cet usage seroit encore absurde quand il ne seroit pas féroce : heureusement pour l'espece humaine, il y a fort peu de héros ; & l'homme qui écrase de sang froid ses concitoyens, n'adoptera jamais un luxe qui met sa vie en danger.

Les Lapons attelent à leurs traîneaux

---

(1) On place une cage à treillis, nommée *micdember*, sur le dos d'un éléphant, & les seigneurs de l'Indostan y renferment leurs femmes quand ils les promenent. *Relation d'un Voyage par* **Thevenot**. *Tom. III. p.* 132.

un animal fingulier qui n'habite que dans ces contrées du Pôle qu'on peut regarder comme le tombeau de la nature : c'eft le renne. Comme il eft impoffible de faire fubir à ce quadrupede fauvage toutes les entraves de la domefticité , il devient quelquefois le fléau de fes maîtres : on en a vu fe retourner brufquement contre leur conducteur , l'attaquer à coups de pied , & ne lui laiffer d'autre reffource que de fe couvrir de fon traîneau, jufqu'à ce que cet accès de fureur fût paffé (1). Les Lapons pour prévenir de pareils dangers, mutilent la plûpart de leurs rennes, qui fans cette précaution deviendroient formidables même dans ces déferts glacés que tout être vivant a en

_____

(1) Voyage de Maupertuis au cercle polaire: *Tom. III. des Œuvres de ce Philofophe.*

horreur, & où on fait jufqu'à trente lieues fans rencontrer un homme.

Une bafterne même, qui le croiroit ? peut devenir une voiture meurtriere. Grégoire de Tours rapporte qu'Eu-thérie, reine de France, craignant qu'une jeune beauté ne lui enlevât le cœur de Théodebert, fit mettre fa ri-vale dans une bafterne à laquelle on attela des taureaux qui n'avoient pas encore fubi le joug ; la maîtreffe du Roi éprouva en partie le fort d'Hypo-lite, & les taureaux la précipiterent avec fa voiture dans la Meufe (1).

Le cheval au premier coup d'œil ne paroît point un animal dangereux : les bandes dont fon corps eft gêné, les fers

---

(1) Grégoire de Tours dit en propres ter-mes : *In bafterna pofitam indomitis bobus con-junctis eam de ponto præcipitavit.*

qu'on lui donne , le mord qu'on a ima-
giné pour rendre ſes mouvemens plus
précis , & l'éperon dont on le frappe
pour les rendre plus rapides : tout an-
nonce en lui un automate organiſé qui
ne ſe meut que par la volonté de l'être
intelligent qui le gouverne : cependant
on a réuſſi à armer contre les hommes
juſqu'à la ſervitude de cet animal dégénéré , & à le rendre preſque auſſi fu-
neſte aux citoyens des grandes villes ,
que cet éléphant qu'on inſtruit au Japon à écraſer des rébelles & des parricides.

Des hommes accoutumés à exécu-
ter à l'inſtant qu'ils projettent , & à ne
point mettre d'intervalle entre le déſir
& la jouiſſance, ſe ſont accoutumés à traverſer Paris avec la même rapidité que
la poſte parcourt les grands chemins
du royaume : comme ſi le bonheur con-
ſiſtoit à franchir les eſpaces : comme s'il

importoit beaucoup à l'homme blafé
qui s'ennuyoit à la porte Saint-Honoré
d'aller s'ennuyer à la porte Saint-An-
toine !

Parmi ces perfonnes blafées , il y en
a de fi malheureufement organifées ,
que leur barbarie s'augmente à proportion des obftacles qu'on oppofe pour la
brifer : mettez ces frénétiques dans la
plaine des Sablons , la lenteur de leur
voiture répondra à l'inertie de leur ame;
mais faites-leur traverfer les rues de
Paris , ils ordonneront à leurs cochers
de voler. Si par hazard une fête ou un
fpectacle raffemblent la multitude , ils
s'indigneront encore plus contre les barrieres qu'on leur oppofe ; & fi ce peuple
entier n'avoit qu'une tête, ces nouveaux
Caligula ne balanceroient pas à la faire
fouler aux pieds de leurs chevaux.

A la démence barbare de ces fyba-
rites , fe joint prefque toujours celle des

cochers ; le misantrope célebre qui a
dit que es va ets de Paris étoient les
derniers des hommes aprés leurs maîtres , avoit principalement en vûe
cette espece d'être intermédiaire entre
les hommes & les chevaux , accoutumé à boire des affronts , & à s'en venger par de vains coups de fouet , & qui
ne se console des caprices d'un maître
qu'en faisant subir les siens aux machines qu'il gouverne.

Il s'est établi parmi les cochers un
point d'honneur absurde qui a déja coûté la vie à une foule de citoyens ; ils
ont attaché de l'opprobre à se laisser
devancer par les voitures de gens subal-
ternes : s'ils vont a un spectacle , on diroit qu'ils disputent le prix des Jeux
Olympiques. Le cocher d'un Duc a trop
de sentiment pour rester à la suite d'un
simple gentilhomme ; & la Diligence
d'un Archevêque n'est pas faite pour

céder le pas au Vis-à-vis d'un grand Vicaire.

Toutes les voitures traînées par des chevaux, & conduites par des cochers, ne font pas eſſentiellement meurtrieres: il en eſt que le Légiſlateur doit proſcrire, & d'autres qu'il eſt peut être ſage de tolérer. Il eſt utile à l'homme d'Etat d'établir quelque diſtinction parmi la foule de ces maux néceſſaires qui aſſiegent un pays quand il eſt en proie au luxe le plus eſfréné ; comme il convient au médecin de ne pas confondre un breuvage qui eſt tantôt nuiſible & tantôt indifférent, avec ces poiſons actifs des Médée & des Locuſte qui tuent à l'inſtant & ſans faire de bleſſures.

PARAGRAPHE XIX.

DIATRIBE CONTRE LES CABRIOLETS.

IL eſt dit dans l'hiſtoire de Maroc, que Muley Iſmaël, celui qui tous les vendredis, abattoit cinquante têtes de chrétiens pour éprouver le tranchant de ſon coutelas, permettoit à tout le monde indiſtinctement d'aſſiſter à ces ſanglans ſpectacles, & de diſſerter ſur leur nature ; les nobles conducteurs de nos cabriolets ſeront-ils plus cruels qu'un Empereur de Maroc ? & ceux qui prennent tant de plaiſir à écraſer les hommes, perſécuteront-ils ceux qui ne les vengent que par des diatribes ?

Parmi les voitures inventées par un luxe deſtructeur, le cabriolet tient le premier rang, comme la machine infernale parmi les pieces d'artillerie.

Le premier qui amena dans Paris la mode des cabriolets, fut fans doute un jeune feigneur accoutumé à confondre dans le même rang les gens du peuple & fes chevaux ; s'occupant le matin de fes chiens de chaffe , & le foir d'une femme vertueufe qu'il déchire , s'ennuyant par étiquette , & écrafant les hommes pour varier fon ennui.

Ce fcélérat élégant dit un jour en lui-même : « Les femmes idolâtrent un » amant qui a les inclinations guerrieres. » Je ne fuis ni un Alcibiade , ni un Du-» nois , mais je conduirai une voiture » dans Paris avec autant d'audace que » ces héros conduifoient un char fur le » champ de bataille ; j'irai donc en ca-» briolet chez ma maîtreffe ».

Il dit enfuite , toujours en lui-même : « J'ai un rival qui m'a enlevé un régi-» ment & le cœur de la plus belle » femme de Paris , je fçai qu'il va à pied
» à

» à leur rendez-vous, je le fuivrai à la
» fourdine avec mon cabriolet, & fon
» mauvais deftin le conduira peut-être
» fous les roues de ma voiture. En vé-
» rité voilà une noirceur charmante,
» j'aurai du même coup un rival de
» moins & une maîtreffe de plus ».

Enfin il ajoûta : « Si le peuple indigné
» s'attroupe autour du cadavre, & veut
» arrêter le meurtrier ; peu m'importe.
» Y a-t-il dans Paris une voiture plus
» rapide que mon cabriolet ? J'aban-
» donnerai mon cheval à fon impétuo-
» fité naturelle, je romprai la barriere ;
» & duffai-je écrafer encore trois ou
» quatre artifans, je ne ferai point puni
» d'avoir écrafé un gentilhomme ».

L'homme riche toujours finge de celui qui eft grand (par fa place) ne tarda
pas à adopter l'ufage du cabriolet : alors
on vit une noble émulation entre lui &
un feigneur, à qui auroit un phaëton plus

K

rapide, raifonneroit mieux, & tueroit plus d'hommes.

Bientôt ce luxe épidémique fe communiqua à tous les ordres de l'Etat : un Drapier de la rue Saint-Denys , un Commis de la rue d'Enfer, & un Danfeur de la rue Saint-Nicaife , voulurent avoir des cabriolets. Il étoit fi commode d'entretenir une voiture fans entretenir des laquais ! il étoit fi noble de fe faire foi-même cocher ! il étoit fi agréable de fe donner à la même heure en fpectacle à l'arcenal , à la place Vendôme , & à la barriere de Vaugirard !

PARAGRAPHE XX.

LETTRE PACIFIQUE.

UN homme aimable, & qui auroit eu peut-être toutes les vertus, s'il avoit eu moins d'opulence, me pria un jour de m'intéresser pour lui faire acheter un cabriolet : voici quelle fut ma réponse.

MONSIEUR,

LE service que vous me demandez, est directement contraire aux principes que je me suis faits sur la probité. Un cabriolet est une voiture essentiellement meurtriere, & je ne veux pas être la cause occasionnelle de quelques assassinats ; je suis trop l'ami des hommes, pour être en ce moment le vôtre.

Vous avez l'ame si belle, que j'en appelle à vous-même, pour justifier mon refus : je

K ij

veux que la réflexion me ramene l'ami que
m'ôtera le premier reſſentiment : mais ſi
après avoir lu ma lettre, il vous reſtoit
encore du fiel & des ſoupçons, vous ſeriez
à jamais jugé pour moi.

Un cabriolet eſt dangereux pour le maître
qui le fait rouler, parce que le conſtructeur
ne le rend jamais rapide qu'aux dépens de
ſa ſolidité ; il ne faut que la roue d'un caroſſe ou la rencontre d'une borne, pour le briſer en éclats : mille accidens de ce genre ſont
arrivés à Paris ; & le luxe qui les cauſe ſans
doute ne ſubſiſteroit plus, s'il n'étoit pas
dans la nature humaine que les fautes des
peres fuſſent perdues pour leur poſtérité.

Le cabriolet eſt encore plus dangereux
pour les honnêtes gens qui vont à pied, que
pour l'homme imprudent & coupable qui
le mene ; ce qui vient des raiſons mêmes qui
le font adopter, c'eſt-à-dire, d'être à la fois
une voiture rapide & peu bruyante. Un citoyen entend le bruit & reçoit au même in-

stant le coup qui le mutile : une mere a perdu son fils avant de l'avoir sçu en danger.

Ne supposons ici ni suicide ni assassinat ; mais quel besoin un honnête homme a-t-il dans *Paris* d'un cabriolet ? S'agit-il d'y monter pour faire des visites ? mais la décence & l'étiquette même s'y opposent : ne veut-on que se promener ? mais par quelle absurde manie préférer des rues étroites, embarrassées & malsaines, à ces environs délicieux de *Paris*, où l'œil s'égare dans la plus riante perspective, où l'on respire l'air parfumé de la verdure & des jardins, & où l'ame libre & satisfaite jouit en liberté de toute la nature ?

Tels sont mes sentimens sur les cabriolets : si j'étois philosophe, je ne cesserois d'écrire contre ce luxe destructeur ; si j'étois souverain, je ferois plus, j'aurois le courage de le proscrire.

*N'*attendez donc point de moi, Monsieur, ce qu'il vous plaît d'appeller un ser-

vice, & ce que j'ose nommer un crime. Je
veux être votre ami & non votre complice :
en un mot, je puis tout pour vous, excepté
servir vos foiblesses, trahir votre confiance,
& vous deshonorer.

Je suis, &c.

PARAGRAPHE XXI.

DES CAROSSES.

LE goût qui perfectionne tout , jufqu'aux inftrumens du luxe le plus
meurtrier , a multiplié le nombre &
varié la forme des équipages. Il n'eft
plus permis de confondre une *berline* ,
où quatre perfonnes peuvent s'affeoir
à leur aife , avec ce *vis-à-vis* fi favorable au tête-à-tête , & ces *défobligeantes* ,
où un Seigneur a le privilege de s'ennuyer tout feul.

Il ne faut pas remonter bien haut
pour trouver l'origine des caroffes ;
c'eft nous qui les avons inventés , &
dans un fiecle où nous n'étions plus
barbares.

Il y en avoit déja deux fous François
I. l'un appartenoit à la Reine , & l'au-

tre à cette Diane , fille naturelle de Henri II. qui réconcilia Henri IV. avec son prédécesseur , & ménagea ainsi à la France le plus grand de ses Rois.

Pendant près d'un siecle les femmes furent les seules qui eurent le privilege de se promener en carosse. Le premier Gentilhomme qui se fit femme fut un Jean de Laval : son crédit le sauva des recherches de la loi ; & son excessive grosseur, qui l'empêchoit également de marcher & de monter à cheval , en l'excusant , le déroba aux épigrammes.

Bientôt le délire épidémique des équipages se communiqua aux oisifs de la France & de là à ceux des Nations étrangeres : un carosse devint un titre de noblesse , & l'orgueil titré fut ravi de se distinguer du mérite indigent qui alloit à pied.

Cependant dans presque toute l'Europe l'abus de cette forte de luxe obligea les Gouvernemens à faire des loix fomptuaires pour en arrêter les progrès: dès l'an 1563 le Parlement de Paris chargé de veiller au dépôt des mœurs comme à celui des loix , fongea à mettre des bornes à la licence des équipages. Lors de l'enregiftrement des Lettres-Patentes de Charles IX. pour la réformation du luxe , il arrêta que le Roi feroit fupplié de défendre les caroffes ; mais toutes ces précautions n'eurent aucun fuccès , parce qu'on fongea moins à prévenir les abus qu'à les punir : le Parifien qui prévoyoit le mal , mais qui s'en étoit fait un befoin, trouva la défenfe refpectable , & la viola ; comme ce Sauvage qui dans fon ivreffe ayant égorgé fon ami, gémit fur fon cadavre , & s'en confole en s'enivrant encore.

On prétend qu'il y a maintenant

dans Paris quinze mille caroffes ; ce calcul effraye l'humanité, & un tel objet mérite toute l'attention du Gouvernement ; la fureté d'un citoyen exige que les loix profcrivent certaines fortes d'équipages , & qu'elles tolerent les autres : il eft certain que plus une voiture eft lente , & roule avec bruit, & moins elle doit caufer de défordres ; ainfi, une berline eft moins dangereufe qu'un caroffe coupé ; un caroffe coupé l'eft moins qu'une diligence , & celle-ci encore moins qu'un cabriolet. C'eft d'après ce principe qu'on peut partir pour la réforme du luxe le plus atroce : Paris foupire après une loi fomptuaire fi intéreffante à fon repos ; & le jour qui la verra publier éclairera des tranfports unanimes , une joie fans mélange d'amertume, & des réjouiffances fans défaftre.

PARAGRAPHE XXII.

DES FIACRES.

VERS le milieu du siecle dernier, un nommé Sauvage imagina de faire servir à la commodité des particuliers le luxe des grands : il loua à un prix modique des équipages dont le besoin plutôt que la mollesse avoit dirigé la fabrique ; & comme il demeuroit dans un hôtel Saint-Fiacre, le nom en est resté à la voiture & au cocher.

Un fiacre n'est pas une voiture essentiellement meurtriere ; & sans doute ce n'est pas la faute de l'inventeur, si l'équipage de ceux qui n'en ont point n'écrase pas les hommes comme le cabriolet d'un grand Seigneur ; il ne faut pas non plus remercier les cochers, qui étant

pour la plûpart stupides , ivres ou bru-
taux , doivent être rangés dans la
classe des animaux qu'ils dirigent : la
seule gloire en appartient toute entiere
aux chevaux , qui couverts des em-
preintes du travail & de la douleur , &
n'ayant que la docilité de la foiblesse ,
traînent trop péniblement leur exis-
tence pour avoir la force de la ravir
aux citoyens.

Cependant ne conviendroit-il pas de
diminuer le nombre de ces voitures
dont la Ville est surchargée, & qui font
ressembler Paris à la carriere des Jeux
Olympiques ? Ne pourroit-on pas rendre la profession des cochers moins vile ?
ne seroit-il pas sur-tout nécessaire de
leur interdire l'entrée de ces rues lon-
gues & étroites qui déshonorent tous
nos quartiers , & font de Paris tantôt
l'image de Babylone , tantôt celle d'un

amas de cafes bâties par des Algon-
quins (1).

---

(1) Il y a dans le Marais une rue nommée *de l'homme armé*, que les fiacres ne man-
quent jamais de traverfer quand ils vont de
la Greve à l'hôtel Soubife. Il faut obferver
que cette rue eft affez étroite pour qu'une
voiture en occupe tout l'intervalle ; & fi un
cabriolet s'obftinoit à la parcourir, il feroit
phyfiquement néceffaire que fes roues paf-
faffent fur le corps de tous les citoyens qui
s'y rencontreroient. Un jour qu'un fiacre
auffi audacieux que le cocher d'un parvenu,
fe difpofoit à enfiler cette rue, un Homme
de Lettres qui étoit à pied, voyant l'impof-
fibilité de fe ranger, mit l'épée à la main ;
le cocher infolent, mais timide, recule en
blafphêmant : arrivé dans une grande rue,
il demande avec fureur comment on ofe tirer
l'épée contre un malheureux qui n'a qu'un
fouet pour fe défendre : « Mon ami, ré-
» pond l'Homme de Lettres, il ne m'eft
» encore jamais arrivé de tirer l'épée con-

PARAGRAPHE XXIII.

PROJETS DE RÉFORME.

ON ne propose point à un Parisien d'aller à pied, comme dans les trois quarts du globe, où les hommes trouvent qu'ils ont des nerfs & des jambes ; où ils ont moins de maladies & plus d'activité, moins de besoins & plus de jouissances.

On ne lui propose point d'atteler des hommes à des voitures, comme on fait en Asie ; il ne manqueroit pas de répondre que c'est un plus grand crime

---

» tre des hommes, je n'en voulois qu'à tes
» chevaux ; si tu me crois coupable, mene-
» moi chez un Commissaire : en attendant
» cette épée ne rentrera point dans son four-
» reau.

de faire de son laquais une bête de charge, que de se servir de chevaux qui n'écrasent d'ordinaire que *des gens bons à se faire tuer* (1).

On ne lui propose pas même de faire traîner son carosse par des bœufs, comme nos peres le faisoient sous les Rois de la premiere race, & comme on sait encore aujourd'hui en Turquie. Est-ce à un Peuple qui se croit libre à imiter les esclaves des Maires & des Sultans ?

Voici un petit nombre de vues qu'il faut du-moins examiner avant de les

---

(1) Je croirois volontiers que Brutus en soulignant ces mots, a eu en vue d'attaquer le texte suivant d'un Livre célebre : *La guerre purge nos Villes d'une foule de mauvais sujets qui ne sont bons qu'à se faire tuer.* De la Nature, Tome 1, chap. 17, p. 126. (Note de l'Editeur).

déclarer abfurdes : pourquoi ne les expoferoit-on pas avec fermeté ? la Patrie eft-elle un magafin de poudre, où on ne puiffe porter la lumiere fans y caufer une explofion ?

Ne feroit-il pas à propos de profcrire entierement dans les grandes villes les voitures effentiellement meurtrieres, telles que les cabriolets ? ce n'eft qu'un foible rameau à arracher de l'arbre du luxe, & le Légiflateur n'aura à répondre qu'aux clameurs des petits politiques & des mauvais citoyens.

Si un cabriolet étoit néceffaire à un pere de famille peu opulent, qui va de tems en tems à la campagne favourer la nature & refpirer l'air de la liberté, il feroit encore bon de le forcer à l'aller prendre hors de la ville. Multipliez les embarras pour prévenir les grands défordres : l'habitant des capitales eft fouvent comme cet enfant qui n'ufe de fa liberté que

que pour faire des chutes : Légiflateurs
menez-le en lifiere, il marchera moins,
mais il ne fera point de faux pas.

Il feroit bon fur-tout d'attacher les
plus grandes peines au délit du citoyen
en cabriolet, qui en écraferoit ou muti-
leroit d'autres, même fur les grands chemins ; il faut qu'il fçache que la patrie
veille fur les abus des voitures meurtrieres, fi elle a les yeux fermés fur
leur ufage.

S'il n'étoit pas prouvé en bonne légiflation qu'un homme mort n'eft bon à
rien : fi mon cœur ne fe révoltoit pas
contre l'idée de deftruction ; fi une bleffure du corps politique pouvoit être
guérie par un autre, je dirois fans ba-
lancer : faites mourir le coupable du
défaftre ; l'homme qui affaffine en cabriolet n'eft pas moins funefte à la patrie que celui qui affaffine un piftolet à
la main.

L

Heureusement il y a des peines
moins fatales au corps politique que la
mort, & aussi sensibles aux membres
qui la subissent (1); c'est au Souverain
à les trouver & à les combiner avec le

---

(1) « Ce n'est pas l'intensité des peines,
dit un Auteur immortel, » qui fait le plus
» grand effet sur l'esprit humain, mais la
» durée; parce que notre sensibilité est plus
» facilement & plus durablement affectée
» par des impressions foibles, mais répé-
» tées, que par un mouvement violent,
» mais passager : l'empire de l'habitude est
» universel sur tout être sensible; & comme
» c'est elle qui enseigne à l'homme à parler,
» à marcher, & à satisfaire ses besoins, ainsi
» les idées morales se gravent dans l'esprit
» humain par des impressions répétées. La
» mort d'un scélérat sera par cette raison un
» frein moins puissant du crime, que le long
» & durable exemple d'un homme privé de
» sa liberté, & devenu un animal de ser-
» vice, pour réparer par les travaux de

code criminel de ſes Etats, avec l'opinion actuelle des peuples & avec la
raiſon. Ces péines ſur-tout au commencement de la réforme, devroient être
terribles ; le luxe qui aſſaſſine eſt comme ces quadrupedes féroces d'Afrique,
qu'un coup de fuſil irrite , & qu'il faut
un coup de tonnere pour renverſer.

» toute ſa vie le dommage qu'il a fait à la
» ſociété.....
   » La peine de mort infligée à un criminel
» n'eſt pour la plus grande partie des hom-
» mes qu'un ſpectacle..... mais pour celui
» qui eſt témoin d'une peine continuelle &
» modérée , le ſentiment de la crainte eſt le
» dominant , parce qu'il eſt le ſeul. Dans le
» premier cas il arrive au ſpectateur du
» ſupplice la même choſe qu'au ſpectateur
» d'un drame ; & comme l'avare retourne
» à ſon coffre , l'homme violent & injuſte
» retourne à ſes injuſtices ». *Traité des Dé-*
lits & des Peines , Parag. XVI. p. 118. &c.

PARAGRAPHE XXIV.

Suite.

LA réforme des fiacres fera moins de senfation que celle des cabriolets, parce que cette efpece de voiture n'intéreffe en rien l'homme riche, qui dans tout état dévoré par le luxe, tient feul les poids de la balance publique ; au refte il fuffiroit d'en diminuer le nombre qui devient à charge même aux entrepreneurs, & de les réunir en une efpece de corps, fuivant le modele des anciens lecticaires de Conftantinople ; il faudroit alors que dans chaque quartier ils euffent des chefs qui veillaffent fur eux, & qui répondiffent de leurs défordres ; ces chefs feroient à leur tour fubordonnés à un Infpecteur qui répondroit au Lieutenant de Police. Si malgré tant de précautions il arrivoit quelque meurtre, il feroit bon de faire un grand exemple : on pourroit punir le fiacre par quelques-uns de ces fupplices qui font un monument toujours fubfiftant de la vengeance des loix ; le chef de quartier, par l'ignominie ; & l'Infpecteur même, par une ame '.. Le moyen de diminuer les crimes de ce genre, c'eft de multiplier à propos le nombre des criminels.

Il feroit utile encore de fubordonner en tout les fiacres aux chaifes à porteurs, & de multiplier les privileges de ceux qui conduifent des voitures pacifiques aux dépens de ceux qui ne menent que des équipages deftructeurs : peu à peu l'intérêt feroit ce que la raifon ne pourroit fe promettre ; les cochers de fiacres quitteroient leurs fouets pour prendre des bâtons ; & il y auroit dans Paris moins de chevaux & plus d'hommes.

On pourroit auffi interdire aux fiacres les fêtes de la nation, puifqu'ils n'y paroiffent que pour rançonner les provinciaux, pour embarraffer les places publiques, & pour deshonorer le fpectacle.

Enfin il feroit néceffaire de leur défendre, fous les peines les plus rigoureufes, de traverfer cette multitude infinie de rues étroites qu'on rencontre dans tous les quartiers de Paris; & comme il vaut bien mieux néceffiter la pratique de la loi que d'en punir les infracteurs, on pourroit mettre à l'entrée de ces défilés des barrieres que l'homme de pied auroit feul le pouvoir de franchir: ces rues dédaignées deviendroient alors l'azyle des honnêtes gens qui n'ont point d'équipages & qui craignent ceux des autres; & comme on les fréquenteroit davantage, fur-tout dans le filence de la nuit, il y arriveroit moins de défordres.

De tels réglemens & de plus fages
encore que peuvent trouver les Magiftrats, n'exciteroient sûrement aucune
réclamation dans la capitale ; & cette
réforme des fiacres prépareroit infenfiblement les efprits à celle des caroffes.

L iv

PARAGRAPHE XXV.

SUITE.

LA réforme des caroffes exige de plus grandes précautions, & le Légiflateur doit détacher avec adreffe chaque pierre de cet édifice de luxe, afin de n'être pas foi-même écrafé fous fes décombres.

Il y a d'abord une police générale après laquelle le peuple foupire, dont les Magiftrats feintent le prix, & que tout ce qu'il y a de grand en France & par le mérite & par les places, s'empreffe d'autorifer.

Y auroit-il de l'inconvénient à établir dans les grandes rues de Paris des efpeces de trottoirs, comme à Londres, où les gens de pied pourroient faire leurs courfes fans craindre les machines meurtrieres qui les mutilent ou les écrasent ?

Ne seroit-il pas à propos de fermer pour les carosses comme pour les fiacres, toutes ces petites rues que l'étranger, admirateur de nos monumens, est étonné de rencontrer à chaque pas , & qui offrent un mélange singulier du bon goût françois avec la barbarie de Welches, des provinces d'*Oc* & de *Ouy* ?

Ne seroit-il pas possible de fixer le pas des chevaux, du moins dans les rues fréquentées ? & supposé que l'intérêt de l'Etat exigeât une marche plus rapide, de forcer un seigneur à faire précéder son carosse d'un homme à cheval qui écarteroit la multitude , & préviendroit tous les désordres ?

Les malheurs que nous voulons prévenir , arrivent particuliérement à la sortie des hôtels ou au détour des rues: c'est alors que le citoyen qui marchoit dans une parfaite fécurité, tombe fous les pieds des chevaux, avant même de les avoir apperçus : il feroit donc néceflaire de forcer dans de telles occafions, à redoubler de vigilance ; & fi malgré la loi il arrivoit quelque accident, il faudroit en rendre refponfable le cocher, le maître & fa voiture.

C'eft fur-tout pendant la nuit qu'une police fi fage devroit être obfervée avec plus de févérité. En effet fi jamais la loi doit veiller à la fûreté des citoyens, c'eft lorfque les gens de bien dorment, & que les méchans font enhardis au crime, par l'efpérance de l'impunité. Pourquoi même ne contraindroit-on pas les conducteurs de toute efpece de voiture à n'aller pendant la nuit qu'au pas ? Faut-il que la patrie foit fans ceffe dans la crainte de perdre fes citoyens, parce qu'une femme de qualité ne veut pas manquer un fpectacle, ou qu'un fei-

gneur eſt preſſé de ſe trouver à un rendez-vous.

Il y a des valets dignes par leurs ridicules de devenir maîtres à leur tour, qui
en l'abſence du ſeigneur dont ils portent
la livrée, ſe placent dans ſon caroſſe,
parcourent avec la plus grande rapidité
les rues de Paris, & tuent les hommes
par vanité : il n'y a point, à mon gré,
de peine aſſez grande contre de pareils aſſaſſins. Si je pouvois un inſtant
approuver l'atroce légiſlation de Lycurgue, je conſeillerois, pour prévenir de
plus grands attentats, de ramener dans
Paris les loix de Lacédémone contre les
eſclaves, & de ſe jouer de la vie des
Ilotes pour conſerver celle des Spartiates.

Rien n'égale la vanité barbare de
ces laquais, ſi ce n'eſt la groſſiere bru-
talité des cochers ; la plûpart ſont des
ames de bouc & de ſang, qui s'ac-

coutument à regarder Paris comme un champ de bataille , & qui préferent le falut des chevaux qui les nourriffent à celui de l'homme du peuple qui les dédaigne. Je n'ai jamais oublié une réponfe naïvement féroce qui fut faite par un homme de cette trempe au maître d'un caroffe fracaffé. Un Seigneur étranger traverfoit avec rapidité, à l'entrée de la nuit , une rue étroite de la capitale ; fa voiture légere rencontra une borne & fe brifa en éclats; pour comble de malheur un caroffe qui le fuivoit dédaigna de s'arrêter , & fes roues pafferent fur le corps d'un cheval de grand prix attelé au caroffe fracaffé , & que l'accident avoit jetté par terre : le Seigneur indigné de tant de négligence , & plus fenfible à la perte de fon cheval qu'au défefpoir de fon meurtrier , s'élance fur lui l'épée à la main , & lui demande avec fureur pourquoi il ne s'eſt point arrêté en voyant un cheval par terre : *ah ! Monſeigneur*, s'écria le cocher, *il fait nuit, & je l'ai pris pour un homme.* Ce trait-là eſt à mon gré d'une atrocité ſublime : il peint très-bien des monſtres dans l'ordre moral, que la nature n'a créés que pour dire aux Légiſlateurs de les étouffer.

Si le ſiecle n'eſt pas digne de travailler à la réforme des maîtres, il eſt toujours eſſentiel de veiller à celle des laquais & des cochers ; & puiſque nous ne pouvons eſpérer d'abattre le tronc entier de l'arbre du luxe, il eſt toujours utile d'en couper les branches, afin qu'on ne vienne pas s'endormir & mourir ſous ſon ombrage.

Il y auroit peut-être une maniere indirecte de prévenir les grands déſaſtres cauſés journellement par les caroſſes ; ce ſeroit de fermer les yeux ſur la har-

dieffe avec laquelle l'homme du peuple fe défendroit avec les forces de la
nature & l'énergie du défefpoir, co.
l'affaffin titré qui voudroit l'écrafer avec
fes chevaux ; alors l'homme dur & barbare trembleroit pour lui-même , & il
demanderoit la protection de la loi
qui la lui feroit acheter par fa réforme.

Au refte, de tems en tems les Souverains ont refpecté dans l'homme du
peuple ce mouvement impétueux du
défefpoir qui le fait fortir un inftant de
l'ordre focial pour le faire rentrer dans
celui de la nature — Une femme fous le
regne de Louis XIV. voit tomber un
enfant au milieu d'une rue , & un
caroffe à dix pas qui va l'écrafer ; elle
jette un cri , & dans le même inftant
lance une pierre au cocher qu'elle
bleffe & fait tomber de fon fiége , fa
chûte arrête les chevaux & fauve l'enfant : le peuple s'affemble , on inftruit

l'affaire , & les Juges n'attendirent la
.érifon du cocher que pour le condamner à fix mois de prifon.

Dans le tems de la Régence la
femme d'un artifan voit fon mari ac-
croché par la roue d'un caroffe & foulé
aux pieds des chevaux ; elle faute à
l'inftant à la portiere , brife la glace
d'un coup de poing , & en fait fauter
les éclats au vifage d'un Evêque qui
reçoit une profonde bleffure ; l'affaire
fit du bruit , & le Prélat , malgré fon
crédit', fut condamné à faire enterrer
l'artifan à fes frais , & à donner une
penfion viagere à fa veuve , qui l'avoit
bleffé.

De nos jours on a vu un événement
encore plus fingulier : les roues d'un
cabriolet paffent fur le corps d'un enfant,
fon pere tire fon couteau de chaffe ,
s'élance fur le meurtrier , & le tue fur

le cadavre de fon fils — Ce malheureux citoyen n'eut que fa grace.

A Dieu ne plaife que j'autorife ici une infraction des loix primitives de la fociété : que je mette entre les mains d'un particulier un glaive qui ne doit appartenir qu'à la loi, & que je permette un affaffinat pour en punir un autre ! cette licence eft diamétralement oppofée à mes principes ; ma liberté républicaine ne confifte qu'à défendre avec force les loix fociales ; & c'eft parce que je fuis pacifique, que je me dis philofophe.

Mais en condamnant les attentats de l'homme du peuple contre le riche, ne feroit-il pas à fouhaiter que le riche qui ne craint ni le ciel ni la loi, craignît un peu l'homme du peuple, & que fon intérêt du-moins l'engageât à être jufte ?

Quel

Quel mal y auroit-il dans l'ordre politique à condamner à-la-fois l'homme puiffant qui écrafe , & l'homme foible qui punit ; à frapper du même coup le malheureux qui fe venge , & le barbare qui le force à fe venger ?

Quel tort feroit à la fociété un homme qui défefpérant de fe voir protégé par la loi tenteroit par lui-même de défendre fa vie contre les animaux mal dirigés qui vont l'écrafer ? Qu'importe par exemple à un Etat qu'on tue beaucoup de chevaux, pourvu qu'on fauve la vie à des hommes ?

Ces réflexions me conduifent à un fait fingulier de l'Hiftoire de la Chine qui eft configné dans un des cent volumes de manufcrits Orientaux qu'on voit à la Bibliotheque Royale de Berlin , & qui a échappé aux recherches

M

profondes des du Halde & des Freret.
Je ne ferai qu'Hiftorien, & j'efpere
me faire écouter des philofophes.

PARAGRAPHE XXVI.

ANECDOTE DE L'HISTOIRE DE LA CHINE.

CANG-HI vivoit : c'eft ce Monarque qui fut le Marc-Aurele de la Chine par la fageffe de fon regne, & qui en devint le Louis XIV par la durée : il n'étoit pas fâché d'être defpôte ; mais il ne vouloit pas que perfonne dans fes Etats le fût fous lui. Auffi le premier Mandarin, comme le dernier laboureur, fléchiffoit fous la loi ; pour le Prince il n'étoit au-deffus d'elle que pour la protéger, & non pour l'enfreindre.

Cette maniere de gouverner étoit d'autant plus prudente que la famille Impériale étant très-nombreufe, auroit formé à la Chine une ariftocratie de Tyrans : on comptoit alors deux mille

Princes vivans, qui étoient du fang de
Cang-hi : & comment l'Empire fi peu
accoutumé à être régi par un Sultan,
auroit-il fouffert le defpotifme de deux
mille grands Vifirs ?

Cependant tous les abus n'étoient
pas réformés : il y avoit trop peu de
tems que la Chine avoit été conquife
par les Tartares ; & Cang-hi fur le trône
mobile où il étoit monté, s'occupoit
trop à fe rendre abfolu , pour fonger à
être légiflateur.

Parmi ces abus il y en avoit un fort
extraordinaire : une loi ancienne condamnoit à la mort tout Chinois , qui,
dans le cas même de la défenfe naturelle, fe mefuroit avec un Prince. Ainfi
tout homme qui portoit la ceinture jaune
étoit un dieu pour le peuple ; & fi ce
dieu étoit un affaffin, le malheureux
qu'il frappoit n'avoit aucune reffource,
il périffoit également s'il fe défendoit &

s'il ne se défendoit pas ; & il n'échap-
poit au poignard de son meurtrier, que
pour tomber sous celui du bourreau.

Un évenement terrible déssilla les yeux
de la Nation sur ce privilége odieux
que possédoient des hommes qui n'é-
toient pas souverains ; le sang innocent
fut versé avec éclat, & ce crime ra-
mena la Chine à la loi de nature.

Sunni & Idamè sortoient d'un temple consacré au Tien ; Sunni, le plus
respectable des disciples de Confucius,
& Idamè la Vénus de la Chine, si Vénus
avoit été vertueuse ; ces deux époux
alloient tous les soirs remercier l'Etre Suprême des belles actions qu'ils avoient
fait faire à leurs enfans : ce jour-là ils
étoient venus lui rendre graces de ce
que leur cadet avoit eu le prix de l'A-
cadémie d'Agriculture, & de ce que
l'aîné loin d'être jaloux de son frere,
avoit fait un poëme pour éterniser sa
victoire. M iij

L'hommage étoit achevé, & le couple respectable sortoit du temple, précédé de ses deux enfans qui se tenoient par la main; arrivés sur les marches du périsftile, toute la famille se vit arrêtée par la foule du peuple qui refluoit sur elle, pour laisser passer le char du Prince Yu & son cortége; l'aîné des Sunni, jeune homme impétueux, s'indignant de l'obstacle qu'on lui oppose, abandonne la main de son frere, s'élance au bas des degrés du temple, & vient tomber sous la roue du char qui le partage en deux; la mere avertie par les cris de la multitude, se dérobe des bras de son époux, se jette sous les pieds des chevaux pour sauver son fils qui n'est plus, & expire en l'embrassant. Cependant le pere & son second fils n'avoient pas vu avec tranquillité cet horrible spectacle: le jeune Sunni avoit suivi sa mere sous le char ensanglanté qui venoit de l'écraser, & mal-

gré les cris du Prince , & les impréca-
tions de la multitude, les chevaux mal
gouvernés alloient fouler aux pieds cette
nouvelle victime ; le pere dont les pas
rallentis par les glaces de l'âge , fecon-
doient mal les tranfports de fureur , arrive en ce moment fur le lieu de la
fcène : dans le trouble qui l'agite, il ne
voit ni le Prince ni la loi, mais frémif-
fant de perdre le dernier rejetton de fon
fang , & d'entrer un jour tout entier
dans la tombe , il perce de fon poignard
les chevaux auxquels le char étoit attelé ,
fauve fon fils , & jettant le fer fanglant
aux pieds du Prince, je ne fuis pas vengé,
dit-il , mais mon nom ne mourra point ;
il fuffit , qu'on me mene au fupplice.

Il avoit fallu bien moins de tems pour
exécuter cette fcène , qu'il n'en faut
pour la décrire ; auffi les gardes n'a-
voient pas eu le tems d'empêcher Idamè
de fe précipiter fous la roue : le peuple

n'avoit pû répondre aux cris de la nature que par un cri d'effroi, & le Prince
lui-même voyant le défaftre dont il étoit
l'inftrument, l'indignation de la multitude, & un poignard fanglant entre les
mains de Sunni, n'avoit pu foutenir cet
affreux fpectacle, & étoit tombé fans
connoiffance du haut de fon char à
demi-fracaffé.

Dans une ville où la police auroit été
moins admirable que dans Pekin, cet
évenement auroit fuffi pour caufer une
révolution ; car le peuple n'eft qu'une
machine que font mouvoir les grands
hommes, les grands fcélérats, ou les
grands fpectacles ; mais le fouverain,
tout defpote qu'il étoit, étoit fi chéri,
fes inftitutions refpiroient fi fort l'humanité, fes miniftres protégeoient avec fi
peu de hauteur, qu'il n'y eut point alors
de défordre dans la capitale. On con-
duifit tranquillement le Prince dans fon

Palais , & l'infortuné Sunni dans la prifon. Le peuple , comme c'eft l'ordinaire,
foupira un inftant, fe coucha en mau-
diffant le luxe , & le lendemain ne fe
fouvint plus ni du caroffe ni des victimes.

Cependant la famille du Prince Yu
affiégeoit les portes du Palais Impérial,
& demandoit juftice contre l'audacieux Sunni : Cang-hi fe fit amener ce
refpectable criminel , & le fit juger
devant lui par le Confeil Suprême des
Colaos ; Sunni fe défendit avec cette
fierté qui éclaire un Souverain fans le
bleffer ; il ne parla point contre le
meurtrier de fa famille , mais il protefta
que s'il avoit encore un fils à fauver
pour la Patrie , il ne balanceroit pas à
poignarder des chevaux , fuffent-ils à
l'Empereur lui-même : il termina fon
difcours en plaignant la Chine d'être
foumife à une loi cruelle , & en s'y
foumettant. Les Juges les larmes aux

yeux, se levoient déja pour prononcer
sa Sentence , & il sembloit que rien ne
pouvoit plus le dérober au supplice ;
mais Cang-hi arrêta tout d'un coup la
délibération ; le plaidoyer de Sunni
avoit été pour lui un trait de lumiere ;
il sentoit que l'accusé n'avoit point poi-
gnardé les chevaux du Prince Yu pour
l'outrager dans sa personne ; que toutes
les loix positives qu'on lui objectoit
devoient se taire devant la loi de nature , & qu'enfin il n'étoit que malheureux sans être criminel. Si la Famille
Impériale avoit été plus solidement af-
fermie sur le Trône , il auroit dès ce
moment abrogé la loi ; mais il appré-
henda les murmures des Princes , la
réclamation des Tribunaux fondés sur
des formalités , & faits pour les défendre ; & n'ayant pas le courage d'être
juste avec péril , il eut recours à un expédient qui satisfaisoit à-la-fois la pru-

dence & l'humanité. Il déclara que la loi condamnoit Sunni au supplice , mais qu'il remettoit sa destinée entre les mains du Prince Yu ; '& que s'il pouvoit obtenir son pardon de la part de son adversaire , il pouvoit compter sur sa grace de la part de son Souverain.

Yu étoit encore malade des suites de sa chûte , & encore plus de sa terreur : Sunni qui étoit déterminé à mourir martyr de la loi dont il sentoit l'injustice , ne voulut point être amené devant le destructeur de sa maison ; il se fit reconduire dans son cachot , & là il écrivit ce hardi Mémoire qu'il fit présenter le lendemain à l'arbitre de sa destinée.

MÉMOIRE DE SUNNI.

JE me condamne à la mort ; & quitte
par ce ſacrifice de ce que je dois à ma
Patrie , je vais m'exprimer avec la liberté d'un être qui ne dépend plus que
de Dieu & de la nature.

Je vivois en paix dans le ſein d'une
Religion que mes peres m'ont donnée,
& que ma raiſon ne déſavoua jamais ;
fidele aux loix de mon Pays , dont ma
ſureté me défendoît l'examen , & trou-
vant le ciel dans mon cœur & dans
l'amour d'Idamè , pourquoi mon bonheur n'eſt-il qu'un ſonge ? pourquoi me
réveillai-je à ſoixante ans pour périr
avec ignominie auprès des cadavres
encore ſanglans d'une épouſe & d'un fils
que l'orgueil a aſſaſſinés ?

Par quelle horrible fatalité au fond

de l'Afie fuis-je la victime du luxe effréné de l'Europe ? qu'avoient de commun ma félicité & les roues d'un char ?
ma gloire & le meurtre de quelques
chevaux ?

Par quelle horrible fatalité les loix de
mon Pays encouragent-elles les peres
de famille , & me font-elles mourir
avec opprobre pour avoir été à-la-fois
bon époux & bon pere ?

Par quelle horrible fatalité enfin ,
dans un Gouvernement fondé fur les
loix , une mere & fon fils meurent-ils
affaffinés fans qu'on les venge , tandis
que tout l'Empire s'ébranle pour faire
punir l'infortuné qui a ofé manquer de
refpect à leur affaffin ?

Et qui es-tu , homme cruel , pour
être l'arbitre de ma deftinée ? ton crime
t'a-t-il fait mon Souverain ? t'es-tu
flatté que je viendrois dans ton Palais
implorer ta clémence , & baifer les

mains homicides qui ont écrasé tout ce qui pouvoit me faire chérir encore l'exiſtence ?

Le hazard t'a fait naître du ſang d'un Souverain ; le hazard m'a fait naître auſſi du ſang d'un philoſophe qui a éclairé la Chine , & s'eſt vu le précep‑ teur de ſes Rois ; la poſtérité jugera que fut l'être le plus reſpeſtable du deſcendant de Cang‑hi, qui écraſe par vanité ſes concitoyens , ou du deſcen‑ dant de Confucius, qui ſauve des hom‑ mes à ſa Patrie , & meurt pour la dé‑ fenſe de ſes loix, lors même qu'elles l'ou‑ tragent ?

Mais écartons tout préjugé qui retré‑ ciroit l'ame & dégraderoit l'homme qui penſe : en quoi , cruel Yu , t'ai‑je manqué de reſpeſt ? ai‑je tiré mon poi‑ gnard contre toi ? crois‑tu que la mo‑ rale auguſte du Théiſme que je profeſſe mene à l'homicide ? penſes‑tu qu'après avoir respecté soixante ans le sang du plus vil des esclaves , je m'exerce si près de ma tombe à assassiner les enfans des Rois ?

Périsse à jamais ce dogme affreux , qu'un citoyen , pour rentrer sous la loi de nature, peut poignarder les Chefs de la société ! & puisse cette morale atroce être anéantie avec les monstres qui l'ont fait naître !

Mais moi qui ne suis ni brigand ni sectaire , quel est mon crime ? le mouvement machinal qui me porte à tuer des chevaux pour sauver mon fils, fait-il de moi un régicide ? suffit-il d'avoir un poignard à la main pour être criminel de Leze-Majesté ? & juge-t-on de l'ame d'un homme par les erreurs de sa main ?

Tu me cites des loix positives , & moi je t'oppose la loi de la nature ; crois-tu qu'il fût en mon pouvoir de penser

à de frivoles Ordonnances de Police ;
tandis qu'un cri échappé du fond de
mes entrailles m'entraînoit à fauver
la vie à mon fils ? ma Patrie doit me
haïr un moment d'avoir tranfgreffé fes
loix, mais fi j'avois eu l'ame affez vile
pour les obferver , je ne ferois qu'un
monftre à jamais odieux au ciel & aux
hommes.

Ecoute-moi , malheureux , mais refpectable Yu ; on dit que tu n'as point
l'ame petite & barbare des courtifans ;
je t'ai vu fenfible au défaftre de ma
maifon. Tu as peut-être deffein de me
dérober au fupplice ; n'importe , je n'ai
point dû m'humilier devant toi ; j'ai dû,
en mourant martyr de mon Pays , me
montrer plus grand que celui qui a affaf-
finé ma femme , & qui prétendroit à la
gloire barbare de me pardonner.

Je t'avertis que la philofophie m'a
donné une hauteur d'ame dont l'ho mme

du

du peuple qui penſe d'après lui-même,
ne ſe forme pas plus d'idée, que le cour-
tiſan qui penſe d'après un maître. Je ſuis
loin de regarder la vie comme un fardeau que le ciel m'a impoſé ; mais s'il
falloit l'acheter par une baſſeſſe .... n'attends rien de moi : je ne veux point du
meurtrier d'Idamè pour mon bienfai-
teur ; & je préfere la mort au tourment
de la reconnoiſſance.

Je vais t'étonner encore plus ; quand
même mon ſort ne ſeroit point entre tes
mains, & que j'aurois été abſous au
Conſeil des Colaos, l'acte qui me ren-
droit ma liberté bleſſeroit encore ma
délicateſſe : ſi la loi qui me condamne
eſt juſte, pourquoi le Légiſlateur oſe-t-il
m'abſoudre ? ſi elle ne l'eſt pas, pourquoi craint-il de l'abroger ?

Il ne reſte peut-être plus qu'un
moyen à mon perſécuteur de réparer
d'une maniere digne de la Patrie les mal-

N

heurs dont il a été la cause, ou du-moins l'instrument ; c'est d'employer son crédit à abolir à-la-fois l'usage des voitures à roues, & la loi inconséquente qui interdit aux citoyens la défense na-turelle ; à faire ensorte qu'Idamè & mon fils soient les dernieres victimes du luxe des chars, & moi le dernier martyr d'une des loix les plus absurdes que le despotisme ait portées contre le genre humain.

A ce prix je subirai avec joie mon supplice ; & sur l'échaffaut même où je dois expirer, je bénirai la mémoire du destructeur de ma famille.

RÉPONSE DU PRINCE YU.

JE m'étois déja jugé avant d'avoir vu ton Mémoire : la hardieffe avec laquelle il eft écrit ne me fera point changer de projet ; j'ai refpecté en le lifant le défefpoir réfléchi d'un philofophe.

J'ai été l'inftrument de tes malheurs ; & je ne balancerai pas un inftant à les réparer ; fi je n'étois retenu par ma bleffure, il y a long-tems que je me ferois rendu dans ta prifon. Ne crois pas que j'abufe du pouvoir de faire grace que m'a confié le Souverain : demain avant midi je me ferai tranfporter dans ton cachot ; là, j'embrafferai les pieds du vieillard refpectable dont j'ai empoifonné l'exiftence, & je ne me releverai que quand il m'aura pardonné.

N ij

Puifqu'un char a caufé mon crime involontaire & tes malheurs , je me condamne à aller toute ma vie à pied ; je ne ferai pas un pas dans Pékin fans me rappeller que j'ai ravi deux citoyens à la Patrie , & que j'ai eu le courage de m'en punir.

Il te refte un fils que j'ai privé de fa mere ; je ne lui offre point des richef-fes , que lui ferviroient-elles ? il eft comme toi fans defirs , & prefque fans befoins ; mais fi le Ciel a décidé que je te furvive , je veux lui fervir de pere — Pourvu cependant que tu me juges di-gne de l'adopter.

Au fortir de ta prifon je me rendrai au Palais Impérial ; là , je prierai le refpeétable Cang-hi de nous faire juf-tice , & non de te faire grace : tu for-tiras de ta prifon avec ton innocence ; & moi , fi le Souverain me pardonne , je me retirerai encore avec des remords.

Si j'ai quelque crédit à la Cour , si l'éloquence que tu m'inspireras a quelque pouvoir sur l'ame honnête & sensible de l'Empereur , demain il n'y aura plus de chars dans Pékin , ou ils cesseront d'être meurtriers.

Je suis Membre du Conseil Suprême des Colaos , & je promets à Sunni de me démettre de la part que j'ai au fardeau de la législation, si je ne réussis pas à faire abroger la loi barbare & inconséquente par laquelle tout citoyen qui n'est pas né Prince est effacé du rang des hommes.

Voilà ce que me dicte ma juste sensibilité, pour réparer le désastre dont j'ai été l'occasion ; & malgré les plaintes de ma famille, voilà l'unique maniere dont le Prince Yu sçait se venger de l'infortuné Sunni.

N iij

CONCLUSION
D'UN GRAND PROCÈS.

L'HISTORIEN Chinois que je tra-
duis s'est peu étendu sur les suites de ce
grand événement ; il se contente de
faire entendre que le Tribunal des Colaos échauffé par l'éloquence du vertueux Yu , arrêta de ne jamais s'autori-
ser du privilege absurde des Princes ,
pour condamner à la mort un homme
qui se défendroit contre des chevaux ,
soit avec les armes de la nature , soit
avec celles de l'industrie : il n'osa cependant pas abolir solemnellement la
loi, pour ne point ouvrir la porte aux
entreprises audacieuses des scélérats ;
mais les Princes furent instruits de la délibération, ce qui les força à être cir-
conspects, & par là le but des Législateurs fut rempli.

Sunni, le vertueux Sunni, devenu libre, confentit à vivre pour être témoin du regne glorieux de Cang-hi; & à la premiere promotion, fon Souverain le fit Mandarin de la premiere claffe.

Pour le magnagnime Yu, fa générofité dans cette affaire le rendit l'idole de la Chine : le peuple ne prononçoit fon nom qu'avec vénération ; & quand on le voyoit parcourir à pied les rues de Pékin, tout homme qui avoit des entrailles de citoyen étoit attendri ; & laiffoit malgré lui échapper une larme.

Ce refpect extraordinaire quelques mois après fervit à lui fauver la vie : un édifice public s'étant écroulé tout-à-coup lorfqu'un peuple immenfe côtoyoit fes murailles ; deux citoyens allerent prendre le Prince Yu au milieu des décombres, & réuffirent à le mettre en fureté. On obferva que dans ce défaf-

trois Princes furent écrasés sous les débris de leurs chars, & qu'on ne chercha à sauver que le vertueux Yu qui
étoit à pied.

Pour la réforme des voitures à roues,
elle n'est arrivée que de nos jours ; ce
fut un événement semblable à notre
désastre du trente Mai qui la fit naître :
j'en ai parlé ci-devant (*a*), & j'y ren-
voye. — ô Chinois, peuple respectable !
— Instruits par nos Maîtres, cessons de
les calomnier.

(*a*) Voyez Paragraphe XII. pag. 86.

PARAGRAPHE XXVII.

AUTRES ABUS A RÉFORMER.

LE luxe eſt par lui-même un ſi grand mal, que pour le perfectionner on eſt toujours obligé de le rendre meurtrier : voyez les conſtructeurs modernes de nos caroſſes, ils ne ſe flattent d'avoir remporté le prix de leur art que lorſque leurs équipages peu bruyants répondent à la molleſſe de l'embrion décoré qui y eſt renfermé. Or, une voiture qui écraſe avant qu'on ait eu le tems de l'entendre, reſſemble à nos yeux à cette arquebuſe à vent qui tue les hommes en ſilence, & qu'on a été obligé de proſcrire dans les pays même où il y a des Ecoles d'Artillerie.

Quelquefois le char même le plus bruyant ceſſe de l'être par des circonſtances particulieres, & alors la vie du citoyen n'eſt plus en ſureté : on eſt dans l'uſage à la moindre indiſpoſition de couvrir de fumier la moitié d'une rue ; cette précaution reſpire l'humanité, ſans doute : mais pour ne point étourdir une femme qui a des migraines, faut-il ex-poſer la vie d'un honnête homme qui marche devant ſa porte ? ne ſeroit il pas à propos de forcer toute perſonne qui met du fumier dans une rue, d'entrete-nir en même tems un homme qui veil-leroit à la ſureté des paſſans ? quel que ſoit l'expédient qu'employe le Magiſ-trat, il eſt toujours bon que la Police n'accorde la permiſſion de rendre une rue moins bruyante, qu'à condition qu'on répondra des événemens : dans nos Etats modernes les Légiſlateurs doivent forcer par l'intérêt perſonnel les citoyens des grandes Villes à être des hommes.

J'ai obfervé encore que l'hiver étoit la faifon la plus favorable pour les affaffinats occafionnés par les caroffes ; c'eft lorfque les voitures fuivent avec légereté & fans bruit des fillons de neige à demi fondue , ou qu'elles parcourent une furface unie par le verglas ; lorfqu'une brume épaiffe empêche même de preffentir l'approche de la machine meurtriere , lorfque l'homme du peuple engourdi par la rigueur du froid , & fentant trop peu fon exiftence pour fe dérober au danger qui le menace , ne fuit qu'avec lenteur , ou s'il précipite fes pas , gliffe fous la roue qu'il veut éviter : c'eft alors , dis-je , que les accidens fe multiplient , & que les riches durs par leur caractere , mais rendus impitoyables par la faifon , verfent le fang humain avec le plus d'intrépidité ; & il eft bien difficile à un malheureux d'échapper à fa deftinée , quand il a à-la-fois à fe défendre contre des hommes , contre des chevaux & contre la nature.

Y auroit-il un grand inconvénient à interdire l'ufage de toute efpece de voiture à roues dans les rues de Paris certains jours de l'hiver? On diroit à l'homme de bien que l'intérêt du peuple l'exige , & il pleureroit de joie en foufcrivant à l'ordonnance : on diroit aux hommes qui ont toute la dureté de l'opulence, que tel eft l'intérêt de leurs chevaux ; & je ne doute pas que la crainte de fe trouver à pied ne les engageât à être patriotes.

De jeunes fols , & plus fouvent encore des valets , fe plaifent quelquefois à galopper dans les rues les plus fréquentées de Paris ; l'honnête homme éclabouffé les maudit , le peuple de tems en tems leur jette des pierres , & cependant d'ordinaire ils ne font punis

que quand leurs chevaux s'abattant ,
menacent leur vie & celle des malheureux qui les environnent.

Je suis aussi frappé de l'impunité avec
laquelle les cochers distribuent , sous le
moindre prétexte , des coups de fouet
aux personnes qui sont à pied : ils ont
l'adresse de faire de cet instrument d'es-
clave une arme aussi redoutable que
l'épée ; & si par hazard leurs coups tombent sur un honnête homme , il voit
avec désespoir qu'il ne peut plus se venger qu'en assassinant le malheureux qui
l'a mutilé.

Ne pourroit-on pas prévenir la muti-
lation d'un honnête homme , & même , quelque peu d'intérêt qu'on y
prenne, l'assassinat d'un cocher ? il suf-
firoit d'attacher la peine la plus grave
au crime de s'armer d'un fouet contre
des êtres intelligents ; & de faire craindre un supplice rigoureux au cocher dur

& barbare qui oseroit traiter avec le même mépris insultant, des hommes & ses chevaux.

J'ai beaucoup parlé des peines terribles que le Législateur doit infliger à des hommes que le préjugé croit à peine coupables ; & ce principe a peut-être besoin d'apologie. Je suis loin d'établir de la disproportion entre les délits & les peines , de ramener en Europe les institutions féroces du Japon , & de dérober les hommes à la frénésie des chevaux , pour les exposer à la tyrannie de la loi ; mais je dis que dans les grands maux politiques , il faut commencer par employer des remedes violens , la révolution s'opere , & insensiblement le remede s'adoucit avec le mal : le Législateur, tel qu'un Musicien habile , doit d'abord tendre avec excès la corde nouvelle de son instrument , bientôt elle se relâche d'elle-même , &

il n'y a plus de diſſonnance ; mais ſi au premier eſſai tous les tons s'étoient trouvés juſtes , au ſecond coup d'archet il n'y auroit point eu d'harmonie.

Voici un ſecond principe non moins ignoré , mais non moins vrai ſans doute : dans tout Etat où il y a des mœurs , la loi doit être indulgente pour les crimes des particuliers , & tonner contre ceux de la nation ; c'eſt que les derniers ſont une eſpece d'épidémie qui peut en peu de tems gangréner tout le corps politique : il faut alors que le Légiſlateur ſoit barbare envers une partie des citoyens , pour ſauver la multitude , comme on aſſaſſine ſans crime des peſtiférés , afin de ſauver la Patrie de la contagion.

PARAGRAPHE XXVIII.

DES FÊTES NATIONALES, DES PROMENADES ET DES SPECTACLES.

JE ne ſçai ſi je me trompe ; mais ſi jamais l'égalité devoit être ramenée dans un Etat , c'eſt lorſque toute la nation animée des mêmes principes , dirigée par le même intérêt , & embraſée du même patriotiſme , ſe trouve raſſemblée pour célébrer un événement qui ſert d'époque à ſes annales : telle eſt la fête du mariage d'un Souverain , ou d'un Prince deſtiné à l'être ; telles ſont les réjouiſſances qui ſuivent la convaleſcence d'un Monarque aimé ; tel eſt encore mieux le jour où l'Europe reſpire après une guerre ſanglante , ſe déſarme ſur la foi d'un traité , & ſe promet

met de ne plus gémir des crimes des Miniſtres ou du caprice des Rois ; c'eſt alors que toutes les diſtinctions doivent diſparoître , que les rangs doivent s'anéantir , & que les demi-Dieux de la terre doivent ſe glorifier d'être confondus avec des hommes.

Dans ces eſpeces de ſaturnales auguſtes , où l'ivreſſe de la joie juſtifie tout , excepté le crime , pourquoi le Souverain ne défendroit-il pas à tout le monde ſans exception l'uſage des voitures à roues ? de telles fêtes ſont pour le peuple , & les grands ne doivent y aſſiſter que parce qu'ils en font partie.

Je ne ſçais , mais un Cordon-bleu au milieu de la multitude dont il partage les tranſports , & à qui il communique les ſiens , me paroît un être bien reſpectable ; & quel eſt le monſtre qui oſeroit alors lui manquer ? ſon abaiſſement volontaire le défendroit mieux

O

fans doute qu'un mur , des gardes &
des bayonnettes : oui , il faudroit être
le plus vil des hommes pour abufer dans
cette occafion, de l'état de foiblefle où
il s'eft mis par grandeur d'ame ; &
l'on fçait que les hommes vils fe trouvent
rarement parmi le peuple.

Eft-il abfolument néceffaire que dans
ces fêtes folemnelles les grands de la
nation repréfentent ? conftruifez-leur
des loges magnifiques , illuminez avec
goût les portiques où ils vont s'affeoir,
donnez-leur même des gardes , pourvu
qu'ils ne fervent que pour la décoration,
& non pour ravir au peuple le coup
d'œil du feu d'artifice ; mais banniffez
avec foin tous les équipages ; que les
chevaux foient éloignés d'une fête
qu'ils ne peuvent qu'enfanglanter , &
que la repréfentation des maîtres finiffe
avec le fpectacle.

Une femme honnête , dit-on, ne va

point à pied ; je ne vois pas trop en
quoi l'ufage d'une faculté naturelle peut
bleffer l'honnêteté : qu'une perfonne
du fexe s'habille avec décence, qu'elle
n'humilie perfonne par fes propos, &
furement elle ira à pied fans ceffer d'ê-
tre honnête ; quant à celles qui n'ont
pas affez de philofophie pour fe mettre
au-deffus d'un préjugé qui les dégrade,
la loi peut leur permettre de fe faire
porter par des hommes, mais non de fe
faire tirer par des chevaux.

Si par hazard la fête nationale fe
célébroit hors de la ville, & qu'il y eût
trop d'inconvénient à défendre aux
riches l'ufage des voitures à roues, il
feroit toujours à propos de ménager
deux chemins pour fe rendre au lieu du
fpectacle ; l'un, fermé aux deux extrémités par une barricade, feroit deftiné
pour les gens de pied, & l'autre feroit réfervé pour les voitures ; des gardes dif-

O ij

posés à l'entrée de chaque avenue veil-
leroient au maintien de cette police, de
maniere que les hommes ne pourroient
embarraſſer la marche que des hommes, & que les chevaux ne pourroient
bleſſer que des chevaux.

C'eſt ſur-tout à la revue que le Roi
fait dans la plaine des Sablons, qu'une
telle précaution ſeroit indiſpenſable pour
aſſurer la tranquillité publique. N'eſt-
il pas ſingulier que dans les grands Em-
pires de l'Aſie les Souverains faſſent
quelquefois manœuvrer ſur un champ
de bataille cent mille hommes environ-
nés d'un nombre prodigieux de chameaux & d'éléphans, ſans qu'il en
coûte la vie à un ſeul ſpcctateur ; tandis
que chez nous la revue d'un Corps de
dix mille hommes, tous les ans mutile ou fait périr quelque citoyen ?

Chaque année dans le tems de la
Semaine-Sainte, Paris entier tranſporté

de la même manie , va refluer dans le
bois de Boulogne ; perfonne n'a de but
dans cette finguliere promenade , fi ce
n'eft de montrer fa voiture ; là , toutes
les Laïs de la Capitale nonchalamment
étendues dans les équipages des Seigneurs qui les entretiennent , infultent
par leur fafte aux femmes honnêtes qui
les fuivent & qui rougiffent encore d'en
être effacées ; le vis-à-vis d'un Prince
roule à côté du phaéton d'un commis ,
& devant la berline élégante d'une Du-
cheffe on voit quelquefois un fiacre attelé de fix fquelettes de chevaux , ayant
des cordes pour harnois & des Savoyards
aux portieres qui excite la rifée du
peuple pour lui & pour tout ce qui l'environne. Tous ces défagrémens ne corrigent perfonne , parce que Paris eft
une efpece de machine montée à exécuter toujours les mêmes mouvemens,
qui obéit à l'impulfion qui l'entraîne

aux mêmes inconféquences , & qui ne peut jamais donner d'autres motifs de ce qu'elle fait cette année , finon qu'elle l'a fait l'année précédente.

Au refte , de telles folies font rire le philofophe fans faire gémir l'homme de bien. Il eft certain qu'il n'arrive prefque jamais d'accident dans ces efpeces de faturnales ; foit à caufe de la lenteur forcée des files de voitures , foit parce que le peuple fe répand dans les allées collatérales du bois de Boulogne , & laiffe le grand chemin libre pour les équipages ; cependant la route depuis la fortie de Paris jufqu'aux portes du bois peut devenir meurtriere : il feroit donc à propos d'abandonner le chemin de Paffy aux gens de pied , & de contraindre toutes les voitures à fe rendre à la porte Maillot par le chemin de l'Etoile. En vain dira-t-on que jufqu'ici la liberté contraire n'a point dégénéré en licence : une bonne légiflation prévient les accidens , & n'a point de mauvais ufages à réformer.

Le citoyen foupire encore après une réforme qui intéreffe fa fureté dans le tems des fpeĉtacles ; on ne donne point de Pieces nouvelles aux trois Théatres, que toutes les voitures de Paris ne s'y rendent, tant on eft preffé de faire la fortune d'un Auteur qu'on protege , ou de contribuer à la chûte d'un Ouvrage à qui on envie même un jour d'exiftence ; toutes les rues qui avoifinent le Speĉtacle font alors étrangement embarraffées par les caroffes : l'homme de pied ne peut faire un pas fans trembler pour fes jours ; & il y a telle Tragédie qui a coûté un équipage à fon proteĉteur , la perte de fa réputation au poëte , & la vie au Zoïle qui venoit la fiffler.

Je fçai combien la Police de Paris

redouble alors de vigilance pour prévenir les plus légers désordres ; mais quand le mal est dans la chose même, qu'importe que le bien soit dans les accessoires ? si le feu central qui fatigue les entrailles du Vésuve doit nécessairement s'échapper par des éruptions fatales à l'Italie, ne vaudroit-il pas mieux abandonner la ville qui est bâtie au pié du Volcan , que de faire tous les mois des Processions avec les Reliques de Saint Janvier ?

Il me semble que tant qu'une salle de Spectacle ne sera point isolée , & qu'on ne lui ménagera pas de tout côté des dégagemens , il y aura un vice essentiel dans sa construction : la salle des Tuileries , occupée maintenant par la Comédie Françoise , devroit peut-être sur cet objet servir de modele aux autres Théatres ; aussi les accidens causés par les voitures y sont presque impos-

fibles ; les gardes établis pour maintenir le bon ordre peuvent fe repofer ,
& peut-être que les citoyens d'une
grande ville ne font jamais plus en fureté que lorfque tout dort autour d'eux ,
jufqu'à la Police.

On fe flatte que les Entrepreneurs
de la nouvelle falle de la Comédie
Françoife, préviendront fur ce fujet les
reproches de l'homme de bien & les
objeftions du philofophe ; qu'ils ne
s'amuferont point à perfeftionner les
jeux de paume ridiculement décorés
qui exiftent encore auprès de la rue
Mazarine & dans la rue Mauconfeil ;
mais qu'ils créeront fur les plans de
l'homme de génie un Théatre digne de
Cinna & d'Athalie, où les afteurs pa-
roîtront des héros , où les fpeftateurs
feront à leur aife , & dont ils n'appro-
cheront pas , s'ils font à pied , avec le
même effroi avec lequel on approche
d'un champ de bataille.

Il feroit à fouhaiter que le Gouvernement veillât encore fur d'autres plaifirs
de la Capitale , & fur les abus monf-
trueux qui en réfultent. Je mets au premier rang les rendez-vous dans les beaux
jours de l'été aux boulevards du Temple
les Dimanches & les Jeudis : l'épidémie du bon ton oblige alors toutes les voitures de Paris à fe raffembler fur ce chemin trifte & fangeux ; on venoit changer
d'air , & on n'y refpire que les exhalai-
fons peftilentielles des marais ; on comptoit fe promener , & on refte renfermé
entre des files d'équipages qui ne fe re-
muent que pour fe brifer ; c'eft là que
les Phrynès de la ville fe rendent avec
éclat pour lier leurs parties de plaifirs ,
comme celles de l'ancienne Babylone
fe rendoient dans le Temple de Mylitta
pour vendre leurs faveurs ; & en France comme en Affyrie , les courtifannes
fe font toujours vantées de donner le ton
aux femmes honnêtes.

A cette licence de mœurs se joint ordinairement un grand nombre d'accidens funestes : comme dans ce défilé
étroit & infect qu'on appelle le boulevard, les voitures n'ont pas la liberté de
manœuvrer, s'il plaît à un cocher de reculer, il faut que tous ceux qui le sui-
vent, fussent-ils au nombre de deux
cens, reculent aussi, & au même instant ; dans un tel désordre on écoute
peu la voix des gardes postés de distance
en distance, les chevaux s'abattent, les
berlines brisent les cabriolets, les équipages qui sortent de la file tombent dans
le fossé ; & ce qui m'indigne encore
plus, de tems en tems le sanctuaire de
ce Temple de Mylitta est arrosé du sang
des hommes.

Il y auroit, je pense, divers moyens
de prévenir tous ces accidens : ne pourroit-on pas répéter dans de telles occa-
sions l'ordre qu'on a observé la nuit du

dernier Bal de l'Ambaſſadeur d'Eſpa-
gne ? ordre admirable qu'on doit au
Magiſtrat qui veille à la Police de Paris,
& que l'ancienne Rome eût à peine oſé
eſpérer de ſes Ediles, ou nos peres du
célebre d'Argenſon ?

Peut-être vaudroit-il encore mieux
rendre déſerte cette promenade étroite
& mal ſaine, en tranſportant ailleurs
tous ces ſpeċtacles ridicules & faits pour
la populace, qui y attirent les élé-
gans oiſifs & blaſés qui ſe donnent le
titre de *bonne compagnie ;* le bon goût
gagneroit ſurement à cette réforme,
autant que les bonnes mœurs.

PARAGRAPHE XXIX.

PLAN D'UNE NOUVELLE PROMENADE POUR LES VOITURES.

PARIS a de superbes promenades pour les gens de pied ; puisque les gens à équipage rougissent d'y être confondus avec eux , on pourroit condescendre à leur foiblesse en leur formant une promenade nouvelle , qui serviroit en même tems à l'embellissement de la Capitale. Je ne connois point de plus belle situation pour remplir ce projet, que l'ancien emplacement des champs Elysées ; la facilité d'y aborder par le quai , par le boulevard , & en sortant des Tuileries ; la perspective riante de l'amphithéatre de Chaillot & de la riviere , l'avantage de pouvoir prendre un bain

d'air nouveau à la pointe de l'Etoile,
tout concourroit à faire de ce lieu un
féjour enchanté : le Gouvernement n'a
qu'à donner un coup de baguette, &
nous y verrons renaître les jardins
d'Armide.

Il fuffiroit d'aggrandir le chemin qui
mene à l'Etoile, afin que les équipages
puffent manœuvrer fans danger de tuer
des chevaux ou de mutiler des hommes ; un mur à hauteur d'appui & non
un foffé, fépareroit la carriere des voitures de celle des gens de pied, & l'œil
feroit également fatisfait du tableau
mouvant des deux promenades.

Puifqu'une promenade fans fpectacles nous paroît un corps fans ame,
on pourroit en procurer aux champs
Elyfées. Je ne parle point ici de ce
petit monument qu'on éleve à grands
frais au-deffus du jardin de l'Hôtel
d'Evreux, & qui durera encore moins

fous le nom de Colyfée que fous celui de Wauxhall, parce qu'il ceffe d'avoir à nos yeux, fi aifés à fe blafer, cet attrait de la nouveauté, qui fait l'unique prix de nos petites jouiffances.

Mais puifque les fpectacles de la populace ont tant de charmes pour les gens du monde, ne pourroit-on pas tranfporter dans la nouvelle promenade Gaudon, Nicolet & l'Ambigu comique? on placeroit leurs théatres dans des bofquets ménagés avec art; & il feroit permis à tout homme de goût qui vient de frémir à Mahomet, ou de pleurer à Andromaque, de s'extafier devant des danfeurs de corde, à la piece décente de la Bourbonnoife, ou aux farces du petit Arlequin.

Il feroit poffible encore de former devant le Cours-la-Reine une enceinte pour des joûtes, à l'imitation de celles de la Rapée; pourvu qu'on jettât moins d'hommes à l'eau, & qu'on tirât plus de feux d'artifice ; pourvu que les Décorateurs au lieu de faire des machines mesquines & sans goût, se pénétrassent du génie de Servandoni ; pourvu enfin, que les Spectateurs ne s'avisassent pas de prendre nos luttes ridicules de Bateliers pour les célebres Naumachies des Romains.

Je ne sçai si je me trompe, mais il me semble que ces jardins Elysées décorés avec intelligence, & qui ne seroient séparés que par la belle Place de Louis XV. de ce superbe planisphère des Tuileries, formeroient en leur genre le plus magnifique monument de l'Europe : je crois aussi qu'on l'embelliroit à peu de frais, parce qu'on n'y transporteroit point d'obélisques, & qu'il seroit inutile d'y élever un Théatre de Marcellus, ou un Palais d'or de Néron.

On a fait venir, quoiqu'avec peine, des

des eaux vives dans le Colifée; ne pourroit-on pas les raſſembler dans des canaux, & les répandre dans les champs
Elyſées, pour y former des baſſins, des
gerbes, ou même de ſimples ruiſſeaux
qui, au milieu de ces ouvrages péni-
bles de l'art, retraceroient quelquefois
la nature ?

J'ai parlé d'un mur à hauteur d'appui, qui ſépareroit plus utilement qu'un
foſſé la promenade des gens à pied de
la route des équipages; ce mur n'eſt-il
pas ſuſceptible de décoration ? ne peut-
on pas le tailler en baluſtrade ? feroit-il
abſurde de le charger par intervalles
de vaſes de marbre ou de ſtatues ? Pourquoi, par exemple, rougirions-nous de
faire revivre Rome & Athènes dans
Paris ? nous avons des grands Hommes
comme ces deux Villes célebres; ne
pourrions-nous pas, à leur imitation, les
faire reſpirer en marbre ou en airain

P

dans nos promenades publiques ? L'Hiſtoire éterniſe ce qu'ils ont fait pour la
Patrie; ce feroit au ciſeau de nos Sculp-
teurs à éterniſer notre reconnoiſſance.

Je me figure auſſi qu'à une certaine
diſtance de ces ſtatues nos Architeſtes
pourroient conſtruire des deux côtés du
chemin de l'Etoile , un portique immenſe qui ſerviroit , en cas de pluie ,
d'aſyle aux gens de pied : cette colonnade devroit être très-légere , & former pour ainſi dire un édifice aérien ,
afin de ne point borner la vue, & retré-
cir la perſpeſtive ; on pourroit prendre
pour modele le beau portique qui regne
dans les boſquets de Verſailles autour
de la piece de l'enlevement de Proſer-
pine : cependant je ne conſeillerois pas
de faire les colonnes en marbre , & de
mettre des ſtatues dans les intervalles ,
parce que nous n'avons que des carrieres de pierres de taille , que notre opu-

lence n'eft point celle des Romains,
& que la nature fait parmi nous trop peu
de Pigals & de Girardons.

Si la Ville vouloit s'indemnifer en
peu de tems des frais de cette entre-
prife, en voici un moyen qui ferviroit
encore à l'embelliffement de la nouvelle
promenade ; il faudroit former au-deffus du portique une terraffe garnie, foit
de tentes, foit de treillages, où, moyen-
nant une légere rétribution, on auroit
la liberté de s'affeoir pour jouir à fon aife
de tout l'enfemble du fpectacle, où l'on
trouveroit tous les rafaîchiffemens dont
le luxe fe fait des befoins, & qui ferviroit de rendez-vous aux honnêtes gens
pour parler de leurs affaires, & à la pré-
tendue bonne compagnie pour s'entretenir de fes plaifirs.

On pourroit auffi louer au peuple
des fiéges fous le portique ; mais fi
jamais la Ville prend le goût de la vraie

magnificence, elle ceffera de mettre une impofition fur les plaifirs qu'elle procure à fes citoyens ; on fe fouviendra qu'à Rome & à Athènes il n'en coûtoit rien pour entendre les Pieces immortelles des Térence & des Sophocle, & Paris ne fera payer perfonne pour s'affeoir dans fes promenades.

Si dans ce fiecle futile il étoit permis de penfer en grand, & fi détourner le luxe à des objets de décoration publique n'étoit pas un crime envers quelques particuliers, on pourroit donner plus d'étendue au plan de cette promenade : mais il ne s'agit point encore de faire de nous des Romains ; contentons-nous de décorer Paris fans l'appauvrir, & de procurer aux gens à équipage des plaifirs qui ne coûtent point la vie à des hommes.

Garrick, le Rofcius de l'Angleterre, a fçu élever dans fes jardins un Temple à l'immortel Shakefpear : ce qu'un particulier a fait dans une petite enceinte, une Nation ne pourroit-elle pas l'exécuter dans un vafte emplacement ? Il y a différentes claffes parmi les grands Hommes qui ont éclairé la France, ou qui l'ont gouvernée : j'ai propofé d'en faire refpirer un certain nombre en marbre ou en airain fur la double baluftrade qui régneroit depuis la pointe de l'Etoile jufqu'à la Place de Louis XV. Je defirerois que parmi ces Hommes célebres ceux qui ont créé leur Patrie, ou dont le génie a opéré une révolution dans l'efprit humain , euffent un Temple particulier dans les bofquets des champs Elyfées : on fuivroit alors les idées des grands Artiftes dans l'exécution de ces divers monumens; car c'eft au génie à faire l'apothéofe du génie.

J'aimerois à voir dans un de ces Temples le refpeétable Henri IV. embraffant Sulli qu'il protege contre les courtifans, les financiers & les traîtres; tandis qu'un Laboureur qui pleure de joie, vient offrir à la nouvelle Divinité les prémices de fes gerbes qui viennent de fleurir, & fon enfant qui vient de naître.

D'un autre côté feroit un fanctuaire confacré à Defcartes; on verroit ce Philofophe au fein d'une nuit profonde, graviffant avec peine un rocher : la flamme du génie qui brilleroit fur fa tête fuffiroit pour éclairer à une certaine diftance les objets qui l'environnent; on appercevroit à fes pieds des hommes déja créés, & au-deffus de lui des ftatues qui attendent que la main du Philofophe les vivifie; il montreroit d'une main les glaces éternelles de Stockholm où il va mourir, & fes regards fe tourneroient encore avec attendriffement vers fa Patrie, qui ne doit qu'après un fiecle venger fa cendre & honorer fa mémoire.

On a long-tems balancé où on place-roit la ftatue qu'érigent à *Voltaire vi-vant* les gens de Lettres de l'Europe , fes Compatriotes ; & il paroît qu'on s'eft décidé à la mettre au foyer de la Comédie Françoife : mais qui voit-on dans ce foyer ? des Aftrices qui minau-dent, des Petits-Maîtres qui perfifflent, ou des Seigneurs qui arrangent des fou-pers : un tel fanftuaire me femble bien peu digne du créateur de Mahomet & de la Henriade.

Ajoutons que l'homme de génie à qui on érige cette ftatue a été l'Ecri-vain le plus univerfel qu'on ait vu dans l'Europe ; pourquoi donc borner fes talens à celui d'avoir fait d'excellentes Tragédies ? convient-il de circonfcrire ainfi fa gloire , & de lui faire une apo-théofe qui le dégrade ?

C'eſt dans les champs Elyſées avec Henri IV. qu'il a ſi bien chanté , & Corneille qu'il a ſi bien remplacé , qu'il faudroit lui dreſſer un monument digne de lui & de la Nation qu'il éclaire. Un homme tel que lui doit reſpirer en marbre dans des jardins publics , & non dans l'ombre d'un cabinet ; il doit être environné , non de Comédiens, mais de grands Hommes.

Si jamais mes concitoyens ont aſſez d'audace pour entreprendre de grandes choſes , & aſſez de richeſſes pour les exécuter , ils ne s'arrêteront pas à ces idées ; ils éleveront à la pointe de l'Etoile deux monumens paralleles & correſpondans à la double colonnade dont j'ai deſſiné le plan : ces monumens ſeroient érigés à la gloire des hommes des deux continens qui ont acquis une grande célébrité , ſoit par leurs vertus, ſoit par leurs lumieres. Il ſeroit beau de rendre ainsi hommage à tout ce que la nature a fait de sublime , & de prouver que tous les grands Hommes de la terre sont nos compatriotes.

On verroit sur le premier Alexandre , Salomon & Trajan , les Scipion , les Aristide & les Socrate ; les Philosophes pratiques, les grands Capitaines, & sur-tout les bons Rois : la montagne factice où seroient rassemblées toutes ces statues, pourroit s'appeller le Capitole.

De l'autre côté seroit le mont Parnasse dans le goût de celui que l'ingénieux Titon du Tillet a légué à la Bibliotheque du Roi ; mais il faudroit que l'enthousiasme de l'Architecte ne se bornât pas à célébrer les Hommes de génie de la Nation : je desirerois y voir Newton créant le monde avec Descartes , Racine étudiant le cœur humain avec Euripide , & Platon éclairant les Rois à côté de Montesquieu.

Ces idées fur le Capitole & le mont Parnaffe, font femées au hafard, & je ne m'attends pas qu'elles germent avant mille ans : revenons à des projets fimples, & qui faffent moins d'honneur à mon imagination qu'à mon patriotifme.

Une fimple voliere telle que Varron en a donné le plan dans un de fes Ouvrages fur l'Agriculture, feroit un ornement digne des jardins d'Armide : une voliere chez les anciens étoit un édifice de forme circulaire dans le goût du Panthéon de Rome, foutenu par des colonnes d'ordre ionique, précédé d'un périftile digne d'un Temple des Dieux, & enrichi de ftatues des plus grands Artiftes ; une firene armée d'une baguette étoit placée vers la coupole, & défignoit le vent qui fouffloit alors : cette coupole peinte en bleu, & femée d'étoiles d'or, étoit partagée par une

bande qui repréfentoit le Zodiaque, &
le long de laquelle fe mouvoit, par
une méchanique ingénieufe, un foleil
de cuivre doré qui marquoit les heures;
dans l'intérieur de la voliere régnoit un
fecond ordre d'Architecture plus petit
que le premier, & couvert d'un filet
léger pour empêcher les oifeaux de
prendre la fuite : le centre de l'édifice
étoit occupé par un baffin où on nour-
riffoit des poiffons ou des animaux am-
phibies, & d'où fortoit une gerbe qui
fatisfaifoit les regards & portoit la fraî-
cher dans ce lieu enchanté. On foupoit
dans ces volieres, & les convives frap-
pés de l'Architecture de l'édifice, em-
baumés par le parfum des fleurs, ravis
du goût des mets, & doucement émus
par le filence de la nature, qui n'étoit
interrompu que par la mélodie des
oifeaux, avoient tous les fens ou-

verts pour goûter la volupté (1).
A l'oppofite d'une pareille voliere

---

(1) M. Pingeron a donné de plus grands
détails fur ce fujet dans les Papiers publics,
& j'aurai moins de peine à analyfer cet Ecrivain, qu'il n'en a eu à analyfer Varron. Les
colonnes de la voliere, dit ce moderne ingénieux, étoient d'ordinaire au nombre de
huit, & portoient un entablement fur lequel
on voyoit une coupole fphérique ouverte
par le milieu ; cette ouverture étoit traver-
fée par deux barres de fer qui fe croifoient
à angles droits : une verge de fer verticale
paffoit par les deux barres, & traverfoit la
firene deftinée à marquer les vents ; la méchanique qui faifoit mouvoir le foleil étoit
placée dans l'épaiffeur de la voûte de la coupole ; & quelques compliqués que fuffent
fes mouvemens, ils étoient du-moins cachés
aux regards des fpectateurs ; des barres de
bois qui alloient d'un des piedeftaux des petites colonnes à l'autre, formoient un am-

on pourrroit placer une ménagerie ,
pourvu que l'efpace fût affez grand pour

---

phithéatre ingénieufement deffiné , & fervoient de branches aux oifeaux : la gerbe
qui partoit du centre du baffin , traverfoit à
une certaine hauteur une table circulaire
évidée dans le milieu , & foutenue par des
barres de fer ornées de feuillages dorés qui
aboutiffoient à l'ajutage de la fontaine jail-
liffante ; un efclave fervoit cette table , la
faifoit tourner fur fon pivot , & les mets fe
trouvoient devant les convives : comme
la table avoit une certaine épaiffeur , on y
faifoit entrer de l'eau chaude qui fortoit par
divers robinets qu'on ouvroit à volonté.
Dans les derniers tems de la République ,
les Lucullus & les Craffus ajoutoient à toutes ces machines des tuyaux cachés dans la
voûte , & d'où mille parfums tomboient en
rofée fur les convives. C'eft ainfi que toutes
les reffources de la nature & toutes celles de
l'induftrie fe réuniffoient pour multiplier les
jouiffances de ces Maîtres du monde , qui fe

que les animaux ne s'effarouchaffent pas dans leur prifon , & que le grillage de fer qui environneroit l'enceinte fût affez fort pour que le fpectateur vît fans effroi leur furie fe brifer ou fe calmer.

Enfin , il ne feroit peut-être pas inutile de réferver dans la vafte circonférence de ce jardin public , un petit champ de Mars, où la jeuneffe pourroit s'exercer au difque , à la paume , à la lutte , à la courfe , à l'équitation , & à tout ce qui regarde la gymnaftique : quoi qu'on en dife , une éducation molle & énervée ne formé que des femmes , & ce n'eft point parmi elles qu'il faut chercher le Héros qui défend fa Patrie , ou le génie vigoureux qui l'éclaire ; & pourquoi nos Sybarites s'oppoferoient-ils à ces inftitutions Lacédémoniennes?

---

montroient également grands, & dans leurs travaux & dans leurs plaifirs.

n'ont-ils pas befoin pour leurs jouiffances de ces forces que je demande pour
former de grands Hommes ? & le Héros qui abufa en une nuit des cinquan-
tes filles de Thefpias , ne fe glorifioit-il
pas alors d'être Alcide , comme quand
fa valeur funefte aux monftres laiffoit
refpirer l'Univers ?

Il eft inutile de s'étendre davantage
fur les divers embelliffemens qu'on peut
procurer à la promer.. 'e dont j'ai deffiné le plan (1) ; fi l'amour du bien
public embrafe également tous ceux

---

(1) L'unique objection bonne (pour le
moment) qu'on pourroit faire contre le plan
de cette promenade , regarde le défaut d'ombrage ; à cela je réponds qu'avant que ce plan
foit exécuté , les arbres auront eu le tems de
grandir ; qu'au refte les voitures , dans le tems
que le Soleil eft trop élevé , pourront fe
promener dans le Cours-la-Reine, & revenir

qui liront ce foible Ecrit , les champs Elyfées feront mieux décorés par les travaux des Artiftes que par le zele d'un Philofophe. Mais fi nos vues ne font pas plus étendues que l'efprit qui diête nos Brochures ; fi nous n'avons de l'argent que pour nos chevaux & l'Ambigu comique ; fi le patriotifme en France n'eft qu'un nom — Je n'en ai déja que trop dit.

---

fur le foir dans le chemin de l'Etoile ; pour les gens de pied, de la terraffe de mon double portique ils jouiront en tout tems de l'enfemble du fpeêtacle.

PARAGRAPHE

PARAGRAPHE XXX.

IDÉE DES CHARS MODERNES ET DE LEURS VARIÉTÉS.

VOus avez defiré, mon ami, que je terminaffe ma Lettre par quelques détails fur les diverfes voitures que le befoin ou le luxe a fait naître parmi nous, afin de diftinguer celles qui font effentiellement meurtrieres, & que le Gouvernement doit profcrire, de celles qui ne font que dangereufes, & que l'Etat peut tolérer; vos prieres font un ordre pour moi : mais je vous avertis que tout homme à qui vous ferez part de ma Lettre, & qui voudra la lire pour s'amufer, doit paffer cet article : je craindrois que l'ennui inféparable de la matiere que je vais traiter, ne nuisît à l'impreffion que le refte de l'Ouvrage

Q

auroit fait naître dans son ame sensible,
& que le style de Brutus, dans l'esprit
du lecteur, ne fît tort à son patriotisme.

Du moins je serai court, car les lec-
teurs qui consentent à s'ennuyer utilement, veulent du-moins qu'on ne pro-
longe pas la durée de leur ennui ; de
plus, on ne veut point dans un Ouvrage Philosophique épuiser les détails
des Arts, & jouter contre M. de Gar-
sault (1) & l'Encyclopédie.

Il y a des voitures destinées à transporter les marchandises, & non les
personnes, telles sont le haquet (2),

─────────────────

(1) Cet Auteur paroît le seul qui ait fait
un Traité des Voitures : il a donné sur ce
sujet beaucoup de lumieres aux Artistes.

(2) Le *haquet* est la plus simple des voitures ; il n'a que deux roues & deux limons,
& il sert à transporter les ballots, les pier-

la charrette (1) , le tombereau

---

res , les tonneaux , &c. celui qui est à baf-
cule & à limoniere , est an peu plus compo-
fé ; il est d'ufage pour les Voituriers de Vin
& les Braffeurs de Biere ; fes roues n'ont
que quatre pieds d'élévation , parce qu'ils ne
voiturent que fur le pavé. Il y a encore une
autre espece de *haquet* dont les roues font
très-fortes & très-élevées ; on le nomme
fardier , & il fert à porter les poutres & les
grands bois de charpente. — Il est aifé , par
l'addition de quelques pieces , de changer le
haquet en *charrette.*

(1) La *charrette* est un haquet garni fur
les côtés d'une espece de treillage formé de
pieces que les gens de l'art appellent des
ridelles & des *roulons.*

Si la charrette a au-deffus de la roue une
espece de croiffant pour foutenir les marchandifes ; elle fe nomme *palaifotte.*

Si le devant & le derriere de la charrette
font fermés par des *traverfes* , & que pour
augmenter l'espace destiné aux marchandi-

(1) , le caiſſon (2) & les chariots

ſes , on y joigne des *herſes* & des *cornes de ranche* , cette voiture s'appelle *guimbarde ;* on s'en ſert beaucoup pour tranſporter la paille & le foin.

(1) Il y en a de deux eſpeces , le *tombereau* ſimple & le *tombereau à baſcule.*

Le *tombereau* ſimple eſt un haquet garni de cloiſons ; c'eſt un coffre ſans impériale : on s'en ſert à Paris pour le tranſport des boues.

Le *tombereau à baſcule* eſt une boëte quarrée en équilibre ſur l'aiſſieu auquel on joint par devant une limoniere : c'eſt la voiture des Bouchers.

Il y a des *tombereaux* d'une petite eſpece, qu'on nomme *banneaux* , & qui ſervent pour le tranſport du fumier dans les terres ; & d'autres encore moins conſidérables, appellés *camions* , & avec leſquels des ânes ou des hommes voiturent du ſable dans les jardins.

(2) C'eſt une eſpece de charrette couverte entourée de toute part d'un treillis d'oſier,

(1) : ces voitures embarraffent quelquefois dans les grandes Villes , mais
elles n'écrafent perfonne ; ainfi elles ne
méritent pas de fixer l'attention des

———————————————————

dont on fait ufage en tems de guerre pour le
tranfport des grains & des poudres.

Si le *caiffon* a des fenêtres dans le treillis,
fi l'on conftruit au-deffous de la voiture des
caves , &c. on l'appelle *fur-tout* ou *fourgon* :
on s'en fert pour voiturer de la farine &
de la marée.

(1) Le *chariot* eft la plus fimple des voitures à quatre roues ; c'eft une efpece de
charrette à laquelle on a ajouté un avant-
train : il eft probable que les *quatre bœufs
attelés , d'un pas tranquille & lent* , qui *prome-
noient* autrefois *dans Paris nos Monarques in-
dolens* , traînoient un chariot , & non un
caroffe.

Quelquefois le *chariot* eft à fleche ; nos
charretiers s'en fervent pour tranfporter du
charbon. — Ces détails faffifent pour tout
lecteur qui n'eft ni ouvrier ni machinifte.

Q iij

Gouvernemens & d'occuper le loisir d'un Philosophe.

Parmi les voitures destinées aux hommes, les unes sont sans roues, & par conséquent ne portent point d'assassins ; telle est la chaise à porteurs qui demande le service de deux hommes, & la litiere qui exige celui de deux mulets : la premiere est d'usage dans les Villes, & la seconde sert à transporter les malades dans les campagnes ; l'une est bonne pour les petites courses, & l'autre pour les longs voyages : toutes deux sont construites de façon qu'il est impossible de les rendre bruyantes, rapides & meurtrieres ; & voilà peut-être pourquoi elles ne seront jamais à la mode.

Les autres voitures se distinguent par le nombre des roues ; la brouette qui n'en a qu'une, est conduite par un homme, mais ne le porte pas : ce-

pendant un Machiniſte a fait exécuter
de nos jours une pareille voiture où on
pouvoit s'aſſeoir, & au brancard de
laquelle un cheval étoit attelé; mais la
difficulté d'empêcher le cheval par ſes
mouvemens de faire tourner la ſellette,
a nui au ſuccès de la découverte, &
la brouette eſt reſtée dans le cabinet de
l'Artiſte.

La roulette eſt la plus pacifique des
voitures à deux roues, elle porte une
caiſſe doucement ſuſpendue par le
moyen d'un reſſort; elle eſt toujours
tirée par un homme, & quelquefois
pouſſée par un autre : il y en a beaucoup dans Paris, & la nuit lorſque la
vanité ne craint point d'être bleſſée,
des femmes du bon ton, mais qui veulent ménager leurs chevaux, en ont plus
d'une fois fait uſage.

La chaiſe de poſte, un des plus
beaux monumerts du luxe des hommes,

& un des chefs-d'œuvre de leur induftrie, eft une voiture à deux roues : d'a-
bord on ne la tint fufpendue que par
deux foupentes de cuir dont l'élafticité
tenoit lieu de reffort ; mais on s'apper-
çut bientôt que l'exercice donnoit aux
foupentes une dureté qu'elles commu-
niquoient à la voiture, & on fuppléa à
cet inconvénient par des refforts de fer
ou de bois, ou de cordes à boyau ;
ces derniers ont paru jufqu'ici les plus
commodes, & on en a fait ufage dans
la célebre *dormeufe* du Maréchal de
Richelieu.

Le Philofophe n'auroit point à récla-
mer contre les abus de la chaife de
pofte, fi on ne la voyoit rouler que fur
les grands chemins, & s'il étoit ordonné
de rallentir fa marche dans les rues de
Paris, ou même de ne commencer
à y monter que fur les boulevards.

Toutes les autres voitures à deux

roues doivent être proscrites dans les Villes où les Magiſtrats ſont des hommes ; tel eſt ce cabriolet , plus connu encore par les déſaſtres qu'il cauſe ſans ceſſe , que par ſa conſtruction ; & cette foule de voitures imitant des cabriolets, qui ſous les noms ridicules de *fouſlets* , de *culs-de-ſinge*, de *diables* & de *ſabots* , inondent les rues de la Capitale , ruinent les Bourgeois & tuent les gens du Peuple.

Les *trivotes* , ou voitures à trois roues, ne ſont employées que dans les jardins d'un grand Seigneur , ou dans l'attelier d'un Machiniſte ; comme leur mouvement dépend des pignons , des roues & des reſſorts qui y ſont renfermés , on peut les rendre cheres , incommodes même , mais jamais dangereuſes.

La plus ſimple des voitures à quatre roues eſt une eſpece de caroſſe à fleche renverſée, qu'on nomme *diable*, & qui ne ſert gueres qu'à dreſſer les chevaux deſtinés à l'attelage.

Le *wourſt* eſt un diable à fleche légere, que les Allemands ont inventé, & qui n'eſt commode que pour aller à des rendez-vous de chaſſe.

Le *coche*, le *cabas*, & d'autres eſpeces de chariots à quatre roues ſe montent ſur des grands trains, paroiſſent rarement dans les Villes, & ſont des voitures trop lourdes pour devenir meurtrieres.

Autrefois les voitures à fleche & à arcs de fer, connues ſous le nom particulier de *caroſſes*, étoient les ſeules en uſage : aujourd'hui la mode a changé, les voitures à brancard, inventées à Berlin, ont été adoptées dans toutes les Capitales de l'Europe ; & on ne voit plus de vrais caroſſes que dans les anciens Châteaux & aux entrées des Ambaſſadeurs.

Il est certain qu'une *berline* est plus
sûre & plus commode qu'un carosse,
aussi n'a-t on rien négligé pour perfectionner cette voiture ; on a rendu
mobiles les panneaux de côté, on y a
placé sept glaces qui en relevent l'élégance : Dalem a inventé pour elle ses
ressorts ; un autre Artiste a ajouté un
cric à ses stores, & on a dessiné sur
sa partie extérieure des peintures si
vraies, qu'on les a prises quelquefois
pour des tableaux de Greuze, de Ver-
net, ou de Boucher ; enfin, si quelque voiture peut être mise en paral-
lele avec les anciens chars de triomphe, ce sont sans doute ces berlines ;
il est vrai qu'elles portent rarement des
Romains.

On met sur le train des berlines
d'autres corps de voitures telles qu'un
solo, où une seule personne peut s'as-
seoir ; un *vis-à-vis* qui a une place de

fond & une place de devant ; & un
caroſſe coupé dont on a ſupprimé les places de devant : toutes ces eſpeces de
chars , à cauſe de leur légereté , ſe
nomment des *diligences* , & à cauſe des
malheurs dont ils ſont la cauſe , devroient peut-être porter le nom de *ma-*
chines infernales.

De nos jours le Duc de Chaulnes
& M. de Garſault ont fait conſtruire,
chacun ſuivant leurs principes, une berline à quatre roues égales , & dont les
moyeux ſont à la hauteur du poitrail des
chevaux ; cette voiture, qu'on a ap-
pellé *l'inverſable* , n'a d'entrée que par
le derriere , ce qui permet d'en ſortir
ſans craindre d'être écraſé par les roues:
elle a été jugée la moins peſante, la plus
douce & la plus ſûre des voitures, par
l'Académie des Sciences : mais l'uſage
n'en a été adopté par perſonne ; car ce
n'eſt pas l'Académie qui regle les mo-

des utiles, ce font les Seigneurs ruinés
& les petites-maîtreſſes.

Il paroît donc que juſqu'à nos jours
toute la perfection qu'on a donnée aux
voitures a conſiſté en décorations & en
commodités : M. de Garſault ayant vu
ſon pere écraſé en s'élançant du haut de
ſa propre berline, en a fait conſtruire
une autre qui met en ſureté la vie des
Maîtres. Quand viendra un Artiſte philoſophe qui travaillera pour le peuple,
& forcera à-la-fois des chevaux, un
cocher & un Maître, à ménager le ſang
des hommes ?

PARAGRAPHE XXXI.

DERNIER PLAN DE RÉFORME.

L'ÉTAT affaissé sous le poids de la dette nationale, cherche depuis long-tems à respirer en faisant naître des impôts qui n'oppriment que le luxe : il en est un qui enrichiroit la France sans exciter l'indignation des peuples, ni la réclamation des Magistrats : c'est celui qu'on mettroit sur les équipages.

A ce mot un cri de fureur s'éleve contre Brutus..... Grands de la Nation, frappez, mais écoutez-moi..... Que ne pouvez-vous porter le flambeau dans les replis de mon ame, y voir le patriotisme qui m'embrase, & reconnoître combien la nature m'a éloigné de tout attentat contre le repos de mes concitoyens ! Ce n'est point l'intérêt qui me fait parler; on ne m'a vu dans l'antichambre d'aucun Miniſtre, fatiguer de mes adulations des protecteurs qui ne careſſent qu'avec le ton du dédain; ce n'eſt point le cyniſme philoſophique qui me dicte mes plans de réforme; je n'ai jamais aimé le Républicain qui déchire ſa Patrie, & l'homme de génie qui n'écrit que pour détruire. On pourroit encore moins me reprocher que la jalouſie a fait naître cet Ouvrage; perſonne ne connoît l'étendue de ma fortune, le cercle de mes plaiſirs, & la ſphere de mes beſoins. Quelle ſeroit, par exemple, la ſurpriſe d'un de nos Seigneurs, s'il ſçavoit que l'ami dont il emprunte de tems en tems les chevaux, s'eſt fait Homme de Lettres, & que Brutus a un équipage!

Je ne diſcuterai point ici la queſtion vraiment philoſophique, ſi les équipages ſont eſſentiellement néceſſaires dans une Monarchie; c'eſt aux Légiſlateurs à examiner quelles font les diſtinctions qu'on peut ſubſtituer à un luxe deſtructeur ; c'eſt aux Souverains qui diſpoſent d'un Manteau Ducal , des Titres & des Cordons , à voir ſi ces prérogatives ne flattent pas aſſez la vanité d'un ſujet, ſans y joindre le droit dangereux de ſe faire traîner dans un char à ſix chevaux.

S'il eſt prouvé qu'il faut néceſſairement des voitures à roues dans un Etat policé , je voudrois du-moins qu'on fixât le nombre de perſonnes qui auroient ce cruel privilege ; & voilà le principal objet de la réforme que je propoſe.

Les Princes , les grands Seigneurs , & toute la Nobleſſe titrée du Royaume, ont d'abord droit à cette diſtinction : ceux qui n'en abuſeroient jamais ſeroient bien reſpectables aux yeux du peuple ; & malgré les épigrammes des gens d'eſprit d'efprit qui ont l'ame vile , ceux qui s'ôteroient à eux-mêmes le pouvoir d'en abufer , le feroient encore davantage.

Les Magiftrats & tous les Hommes de robe qui confacrent leurs travaux au bien public, méritent auffi ce privilege : il eft rare que des citoyens chargés de veiller fans ceffe fur le maintien de la Police & la tranquillité des hommes , ofent devenir infracteurs des Loix & affaffins.

Ces vieux Militaires dont les cheveux ont blanchi au fervice de la Patrie, & qui couverts de bleffures honorables ne peuvent faire un pas fans attendrir les hommes fenfibles qui les environnent , peuvent encore avoir des équipages ; mais certainement bien peu d'entre eux jouiroient de ce privilege : il eft bien plus aifé à un bon Officier d'avoir des bleffures , qu'un caroffe.

Je ne vois pas même pourquoi un

R.

Homme de Lettres dont les veilles utiles à fa Patrie ont appauvri le fang &
deſſéché l'humide radical , qui eſt le
principe de la vie , ne partageroit pas
cette diſtinétion ; d'abord il importe à
l'Etat d'encourager le génie & les ta-
lents , qui de jour en jour deviennent
plus rares : de plus , on n'a pas à craindre qu'un philofophe devienne petit-
maître , & écrafe les hommes par vanité ; enfin , cette prérogative feroit naître peu de jaloufie dans les autres Ordres de l'Etat : il y a fi peu de gens de
Lettres qui aient de la fortune ! il y en
a même fi peu qui y prétendent !

Quant au reſte des citoyens , il y auroit peu d'inconvéniens à les impofer à
une taxe confidérable pour le droit d'a-
voir équipage : c'eſt prefque toujours la
vanité qui leur donne un cocher & des
chevaux ; & il vaut mieux que la vanité
paye à l'Etat de fon fuperflu , que l'induſtrie de fon néceſſaire.

Je mets dans la premiere claſſe des contribuables les gens d'Egliſe, à l'exception peut-être de ceux à qui leur naiſſance, indépendamment de leur état, donne le privilege d'avoir équipage; comme par leur inſtitution ils ſont obligés de fuir le luxe, & même de le maudire, le Légiſlateur en les mettant à pied, ne feroit que les rendre plus reſpeƐtables.

Ce que je dis d'un Prélat doit s'entendre à plus forte raiſon d'un Abbé régulier : en effet, il y a ſi loin du vœu de pauvreté à l'uſage d'un caroſſe, que quand on taxeroit ce délire de la vanité monacale à cent mille francs, à peine cet excès de rigueur de la part du Gouvernement, compenſeroit-il l'excès de ridicule de la part du Moine.

Il feroit auſſi à ſouhaiter que l'impoſition ſur les Médecins fût aſſez forte pour les dégoûter de l'uſage du caroſſe;

leur luxe diminuant alors avec leurs
befoins, ils feroient payer moins cher
à leurs malades leur art de conjecturer,
leurs vifites & leurs vifions.

Taxez ce Financier qui veut tout
acheter avec fon or , & qui avec fon
char à fept glaces croit imiter la haute
Noblefle , comme un Acteur de théatre avec fa toge brodée d'or, croit être
Regulus ou Caton.

Taxez ce Bourgeois dont la fortune
ne change point le caractere, & dont
l'ame eft auffi roturiere dans fon caroffe
que dans fa boutique.

Faites payer fi cher à un Acteur le
privilege d'éclabouffer le Poëte qui le
nourrit; qu'il conçoive enfin qu'il n'eft
plus rien dès qu'il n'a plus de rôle à
jouer.

Il n'y a point de taxe affez confidérable pour ces filles qui font un commerce infâme de proftitution , que les

grands Seigneurs entretiennent & mé-
prifent, & qui achetent un caroffe avec
de l'effronterie, de l'opprobre & d'in-
dignes jouiffances.

Au refte, cette nouvelle impofition
ne devroit, fur-tout dans l'origine, être
propofée qu'avec des reftrictions qui la
modifient ; ainfi, je defirerois que depuis foixante ans la taxe fût fi légere,
qu'on la prît moins pour une charge que
pour une formalité. On pourroit avoir
la même condefcendance pour des perfonnes difgraciées de la nature (1), ou
que la goutte empêcheroit d'aller à
pied ; car en féviffant contre un luxe
barbare, il ne faut pas que la Loi le
devienne à fon tour.

_____

(1) On peut obferver que cet Erichton
à qui l'hiftoire attribue l'invention des voitures, avoit les jambes torfes, & qu'il n'eut
recours à cet expédient que pour cacher fa
difformité.   R iij

L'objet principal du Réformateur, devroit être d'accorder tant de privileges aux voitures pacifiques, qu'infenfiblement elles remplaçaffent les chars meurtriers contre lefquels réclament la politique, la nature & la raifon; & la révolution feroit bien plus douce fi nous la devions à nous-mêmes, que fi nous cédions au defpotifme de la Loi.

PARAGRAPHE XXXII.

CONCLUSION.

MON ami, j'ai épanché mon ame dans votre fein ; j'ai attaqué une des branches les plus funeftes de l'arbre du luxe ; j'ai dit une vérité utile à mes concitoyens : fi ce font là des attentats, je fuis loin d'en rougir. Que les hommes riches & barbares me maudiffent, je ferai gloire de leurs outrages ; que ma **Patrie** même m'en puniffe, & j'en deviendrai plus coupable encore.

O vous qui triomphez du nombre de vos chars meurtriers, comme le Saturne de Carthage de la multitude d'enfans qu'on immoloit fur fes Autels, fçavez-vous quel eft le Républicain qui veut vous rendre à-la-fois odieux

& ridicules ? je suis peut-être un père
de famille dont votre frénésie a anéanti
la postérité – Vous me dites que votre
carosse a reculé ; & que m'importe
que ce soit les roues de devant ou les
roues de derriere qui aient écrasé la
victime ? cette victime n'est-elle pas
mon fils (1) ? mon assassin me parle de
dédommagemens..... Homme vil !
& tu crois qu'à l'âge de soixante ans

---

(1) Un de mes amis à qui on avoit fait
cette affreuse réponse , m'écrivit : *J'ai cher-*
ché les parents de cet assassin , & je leur ai
demandé des consolations ; ces gens me deman-
dent si c'est une roue de devant ou une roue
de derriere qui a causé l'accident : je leur ré-
ponds que c'est un fils , & un fils unique qui
a été massacré ; je leur parle d'humanité , &
ils me citent, je crois, des Ordonnances de Po-
lice : j'ai vu que nous n'étions pas faits pour
nous entendre , & je suis retourné chez moi
pour dévorer ma douleur , &c.

ron or me tiendra lieu de ce fils que
j'avois élevé pour ma Patrie, qui étoit
devenu l'ami de son pere, & qui alloit
me fermer les yeux ?

Non, non, tous les diamans de
Golconde & toutes les mines du Potosi
ne valent pas, pour moi, la premiere
goutte du sang de ce fils que j'ai vu
écraser sous ta machine infernale : tous
les Rois de l'Europe ne font pas affez
puiffans pour me dédommager de la
perte que j'ai faite ; fi j'étois le Dieu du
mal, ta mort même, & celle de tous
les hommes qui partagent ton luxe &
ta dureté, ne fuffiroit pas à ma vengeance.

Il n'y a peut-être qu'un moyen de
fatisfaire ma jufte fenfibilité. Malheureux, laiffe-là ta fauffe apologie & tes
vils dédommagemens ; viens avec moi
au pié des Tribunaux, & confens que
les Juges me faffent l'arbitre de ta déf-

tinée..... L'Arrêt eſt prononcé , &
je puis enſin me venger d'une maniere
digne de moi : tu frémis , tu t'attends
ſans doute à la mort que tu n'as que trop
méritée; va , tu ne connois pas encore
tout ce que peut le déſeſpoir d'un pere
dans un cœur fidele à la nature : je
puis plus que te poignarder ; je puis.....
t'embraſſer & te pardonner.

Mais ſi tant de généroſité me donne quelque aſcendant ſur ton ame ,
deſcends de ton caroſſe, & viens à pied
ſolliciter avec moi la Loi qui mettra
des entraves au luxe , & épargnera
des crimes ou des douleurs à ta poſtérité.

Et toi , ô mon ami ! ſans qui Brutus
n'auroit peut-être jamais écrit , reçois
l'hommage d'un Philoſophe qui n'a jamais flatté : tu prendras cette Lettre ,
tu la liras ſur la tombe de ta fille ,
& la premiere larme que tu verſeras

fera la plus fublime récompenfe de mes travaux.

Je fais gloire d'être le plus tendre de tes amis,

BRUTUS.

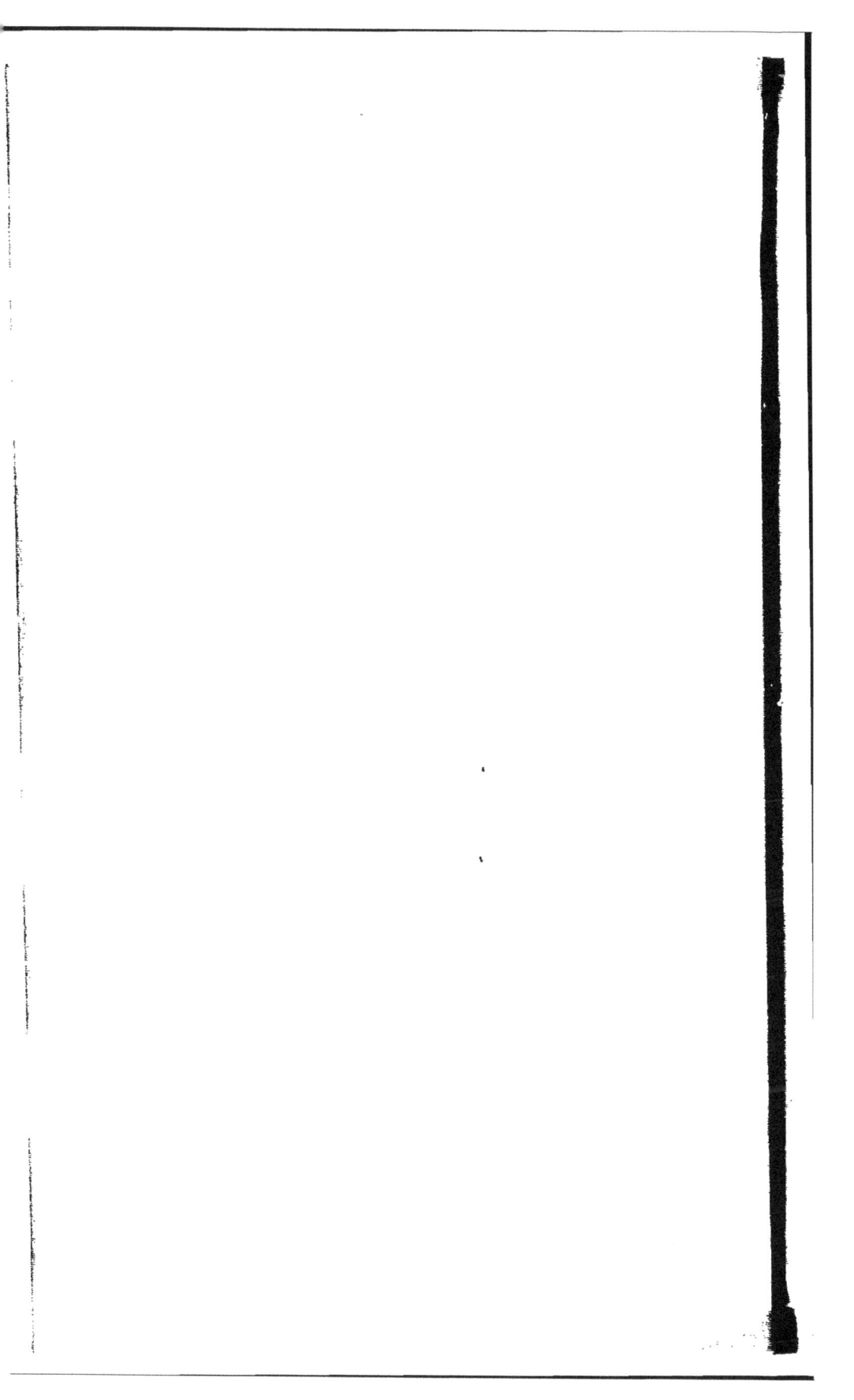

TABLE

DES PARAGRAPHES.

DES PARAGRAPHES. 271

Fin de la Table.

TABLE
DES MATIERES.

A.

B.

S

H.

M.

N.

P.

Q.

R.

S.

Z.

Fin de la Table des Matieres.

www.ingramcontent.com/pod-product-compliance
Lightning Source LLC
Chambersburg PA
CBHW070233200326
41518CB00010B/1540